JN064310

奄美の自然入門

NATURAL PRIMER of AMAMI

常田 守
Tsuneda Mamoru

外尾 誠
Hokao Makoto

南方新社

刊行に寄せて

自然写真家　常田　守

2020年の暮れに、1通のハガキが届いた。知り合いの元新聞記者が永眠したことを知らせる、奥様からのハガキだった。朝日新聞の記者だった三輪節生氏。私が1980年に東京から帰郷したころに、奄美大島に赴任していた。島で自然観察を続けていた私と同じく、500㎜と1000㎜のレンズを使い、野鳥を中心に撮影をしていた方だ。お互いに、野鳥の情報を交換しあっていた。80年代の奄美大島において、自然保護の話をすると、よく記事にして紙面に掲載して頂いた。それ以降、朝日新聞の記者たちは、島の自然を守るべく、昼夜を問わず奮闘してくれた。振り返ると、多くの記者の顔が目に浮かぶ。

2014年春、1人の記者が新任のあいさつに、と我が家を訪れた。外尾誠氏である。この記者は私からすれば、運がいいとしか言いようがない。奄美大島をはじめ、徳之島、沖縄本島北部、西表島という4つの島の世界自然遺産登録を目指す、という話が出ていたからだ。朝日新聞の記者たちが訴え続けてきた、自然保護の活動が、1つの形となって実を結ぶのである。タイムリーな時期に着任した外尾氏は、奄美の自然を新聞紙面で連載したいと言ってきた。島の自然保護を訴え続けてきた私にとって、渡りに船であった。

それから2人で、昼に夜に山に海に、晴れの日に、雨の日に、とフィールドを駆け回った。時にはヒメハブのそばでカエルを観察し、撮影を続けた。湯湾岳の山頂近くでは、ハブが現れたのを喜び、カメラを持って追いかけた。海鳥の観察では漁船をチャーターして無人島を回り、生息状況を調べた。巨木を見に行ったり、九州一の滝の撮影に行ったり。山奥のさらに奥にも、固有種を求め、機材を担ぎあって分け入った。あげたらきりがないほど、2人で出かけたものだ。

これも一重に、奄美大島の宝、本物を紹介し、新聞紙面で伝えるためである。今回、それらを一冊の本にまとめ、出版できる喜びは大きい。執筆した外尾氏に感謝とお疲れ様と言いたい。

2021年　春

はじめに

朝日新聞記者　外尾　誠

青い鳥が羽ばたき、金色に輝くカエルが甲高い声で鳴く。耳も足も短いウサギが草をはみ、個性豊かな植物たちが常緑の森を彩る。「奄美」には見たことのない、世界でここだけの命が息づいている――。

2014年4月、鹿児島県・奄美群島の担当記者として、奄美大島に着任した。最大のテーマは、世界遺産を目指す島の自然。その姿を40年以上、撮影し続ける自然写真家の常田守さんの教えを受け、魅力と課題を足かけ7年、追いかけてきた。この本は、その成果となる連載「命まんでぃ　奄美の今」（16年4月～19年3月）を中心に、関連記事やコラムなどを加えてまとめた。何も知らぬ素人が、常田さんをはじめとするシマッチュ（島人）と現場に学んだ内容で、「奄美の自然入門」になればいいな、との思いをそのまま本の題名にした。

ここで、奄美と世界遺産関連の情報をおさらいしておきたい。

九州と沖縄の間に浮かぶ「奄美群島」には、北から奄美大島、喜界島、加計呂麻島、与路島、請島、徳之島、沖永良部島、与論島という有人8島（12市町村）があり、人口は約10万5000人。沖縄の島と勘違いされることもあるが、全て鹿児島県だ。その中で最も大きいのが奄美大島で、面積は約712㎢、人口は約6万人。奄美市、大和村、宇検村、瀬戸内町、龍郷町の5市町村からなり、奄美市中心部の名瀬地区は、国や県などの出先機関が集まる群島の首都的な役割を担う。次に大きいのが徳之島で、面積約248㎢、人口約2万3000人、徳之島町、天城町、伊仙町の3町がある。

奄美群島が属するのが、九州南端から台湾の東部近海までの洋上約1200㌔にわたって島々が点在する「琉球列島」。北から大隅諸島、トカラ列島、奄美群島、沖縄諸島、先島諸島に分類され、大小900以上の島が弧状に連なる姿から「琉球弧」とも呼ばれる。このうち、奄美群島の奄美大島と徳之島、沖縄諸島の沖縄本島、先島諸島の西表島の4島が、国連教育科学文化機関（以下、ユネスコ）の世界自然遺産候補となっている。

遺産登録に向けては、長い道のりが続いてきた。

国がこの地域を正式な世界自然遺産候補に選定したのは03年5月。この時、一緒に選ばれた知床（北海道）は05年に、小笠原諸島（東京）は11年に遺産登録された。一方、日本政府は13年1月、「奄美・琉球」として16年夏の登録を目指すと公表したが、南北850㌔に及ぶ範囲が「広すぎる」などとユネスコから注文がつき、13年12月に対象地域を現在の4島に絞り込んだ。その後、登録の目標年は16年から17年に、さらに18年へと2回にわたって変更に。そして17年2月、政府は「奄美大島、徳之島、沖縄島北部及び西表島」の名で世界遺産に推薦する書類（推薦書）をユネスコに提出。多くの関係者が18年夏に登録が実現すると信じていた。

だが、ユネスコの依頼で「自然遺産にふさわしいか」を専門的な立場で評価する国際自然保護連合（以下、IUCN）は18年5月、候補地の分断などを理由に「登録延期」を勧告。政府はいったん推薦を取り下げたうえで、4島の計24地域に分かれていた候補地を計5地域に集約。IUCNから「重要」と指摘された沖縄本島の米軍北部訓練場返還地の大半も候補地に入れ、19年2月に遺産に再推薦した。IUCNの専門家による2度目の現地調査を経て、迎えた20年。

「今度こそ登録だ！」

関係者のそんな思いを、新型コロナウイルスが吹き飛ばした。世界的な感染拡大を受け、登録の可否を最終判断する世界遺産委員会の開催は、21年7月に変更された。

そして21年5月、IUCNから「登録が妥当」との勧告が出された。この間、紆余曲折があったが、一つだけ確かなことがある。常田さんが言い続けてきた表現を借りれば、こういう事だ。

「奄美が世界遺産になれるかどうか、の問題ではない。遺産にしなければいけないほど、素晴らしい島なんだ」

この本で、少しでも多くの人が島の自然に興味を持ってもらえたら嬉しい。

本文で（○月○月付）とあるのは、主に筆者が書いた朝日新聞発行の記事。一部に修正・追記をしたが、年齢や肩書は当時のままとした。琉球列島の定義や絶滅危惧種の数、動植物の名前などは統一されていない場合もあるが、原則として政府の推薦書の表現に準じた。環境省レッドリストは特記がない場合、2020年版による。常田さん撮影分を含め、提供写真にはその旨を明記した。

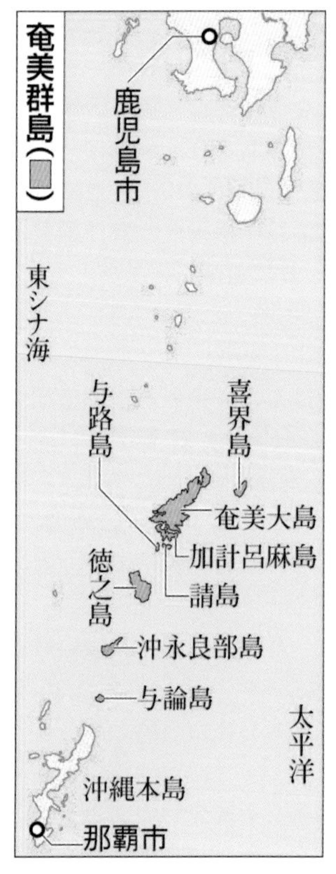

奄美群島の地図
（朝日新聞記事から）

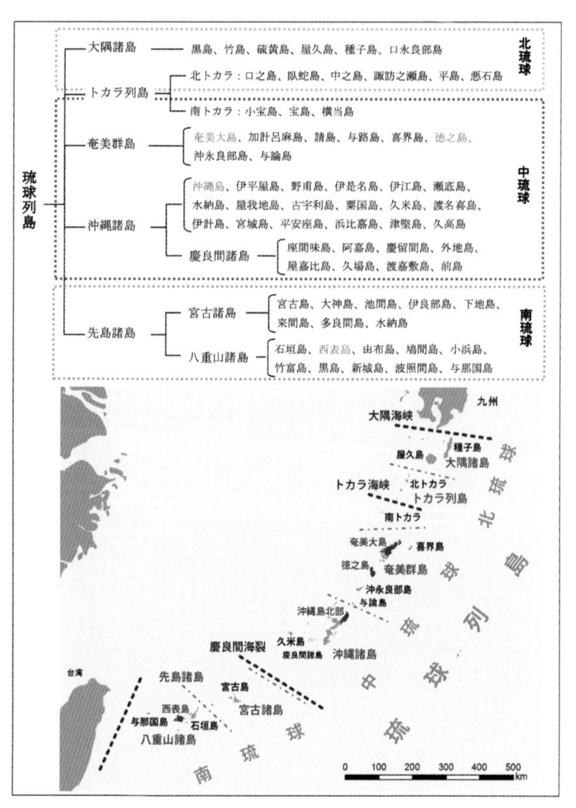

琉球列島の地図
（日本政府作成「世界遺産一覧表記載推薦書」から）

■目次

第4章・冬

第5章・四季の中で

第6章・開発と保護

奄美の自然入門

1 オンリーワンの自然

アマミイシカワガエル

「キョー」。夜の水辺にアマミイシカワガエルの美声が響く。林道にはアマミノクロウサギやアマミヤマシギの姿が。林床ではアマミテンナンショウが鳥の脚のような葉を広げ、アマミエビネが白や赤、紫の花を咲かせている。

春。奄美大島は「アマミ」の名を冠した貴重な命であふれる。

「奄美の自然の魅力は多様性。驚くほど多くの種類がいて、固有種や絶滅危惧種だらけ。世界でここだけの『オンリーワン』の自然がある」。島で40年以上、撮影を続ける自然写真家常田守さんは言う。

環境省などによると、奄美大島の固有種数（亜種を含む）は、維管束植物125、脊椎動物52（陸生哺乳類10、留鳥12、陸生爬虫類11、両生類9、陸水性魚類10）、昆虫838。環境省レッドリスト（2018年版）に記載された絶滅危惧種は、維管束植物193、脊椎動物76（陸生哺乳類8、鳥類25、陸生爬虫類2、両生類4、陸水性魚類37）、昆虫20にのぼる。奄美群島全体でみれば、日本国土のわずか0.3％の面積に、絶滅の恐れがある植物の約15％が分布する計算という。

そんな特異な自然の背景は、島の成り立ちにある。かつてユーラシア大陸と陸続きだった奄美群島は約170万年前までに、海面上昇や地殻変動により、古いタイプの生き物を封じ込めたまま島として孤立。大陸で絶滅した種が生き残ったり、隔離後に島で複数の種に分かれたりして、固有種になったとされる。近くを流れる黒潮は、年間降雨量2800㎜以上、平均気温20℃超という温暖湿潤な気候をもたらし、命のゆりかごとなる豊かな森を育んだ。

多くの貴重な生き物が生息する多様性と、豊かな生態系。その価値の高さから奄美大島は徳之島と沖縄本島北部、西表島とともに世界自然遺産を目指す。

「世界遺産になるのはそう簡単じゃない」と常田さんは感じている。森林伐採、希少種の盗掘、外来種の侵入——。撮影を続けた40年超は、自然破壊の繰り返しを目の当たりにした月日でもあったからだ。自然への「無関心と無理解」が破壊の原因にあるとし、こう訴える。

「多くの人に奄美の自然のすごさと現状を知って欲しい。貴重な宝を次世代に引き継ぐために」

（2016年4月2日付）

アマミノクロウサギ

アマミヤマシギ

アマミエビネ

アマミテンナンショウ

アマミセイシカ

アマミナツトウダイ

■奄美群島の貴重な生き物の例	
国の天然記念物	アマミノクロウサギ（特別天然記念物）、アマミトゲネズミ、トクノシマトゲネズミ、ケナガネズミ、オーストンオオアカゲラ、アカヒゲ、オオトラツグミ、ルリカケス、カラスバト、オカヤドカリ
国内希少野生動植物種（※）	（鳥類）アマミヤマシギ（哺乳類）オリイコキクガシラコウモリ、リュウキュウユビナガコウモリ、リュウキュウテングコウモリ、ヤンバルホオヒゲコウモリ（爬虫類）オビトカゲモドキ（両生類）オットンガエル、アマミイシカワガエル、イボイモリ（昆虫類）フチトリゲンゴロウ、ウケジママルバネクワガタ、ハネナガチョウトンボ（陸産貝類）トクノシマビロウドマイマイ（植物）トクノシマテンナンショウ、アマミデンダ、ヤドリコケモモ、ヒメタツナミソウ、コゴメキノエラン、ヒメシラヒゲラン、オオバシシラン、タイワンアマクサシダ、アマミチャルメルソウ、コモチナナバケシダ
※「種の保存法」に基づく。国の天然記念物などは除く	

2　生き物育む　シイの森

新緑の季節を迎えた奄美大島の森。黄緑のじゅうたんが麓から山頂へと登っていく＝常田守さん撮影

山々に広がる黄緑のグラデーション。4月、奄美大島は新緑が輝く。深緑から黄緑、そして黄金色へ。3月から約2カ月かけて、常緑広葉樹の森は麓から頂へゆっくりと色を変える。

森の核となるのがブナ科のスダジイ(オキナワジイ)。ブロッコリーのようなモコッとした形が特徴だ。「奄美の生き物の中心」と常田守さんは考える。

この時期の枝には茶色の古い葉や緑の葉、黄緑の新芽が同時に並ぶ。枝の先端の方には、少し遅れて黄色の花も咲く。雄花と雌花の受粉を担うのは風と、アマミアオジョウカイのような多くの昆虫たちだ。その虫たちをヒナのエサにし、野鳥たちが繁殖期に入る。

春は「落葉」の季節でもある。役目を終えた葉は林床に積もってフカフカのベッドとなり、まもなく始まる梅雨の雨をたっぷりと蓄える。落ち葉は分

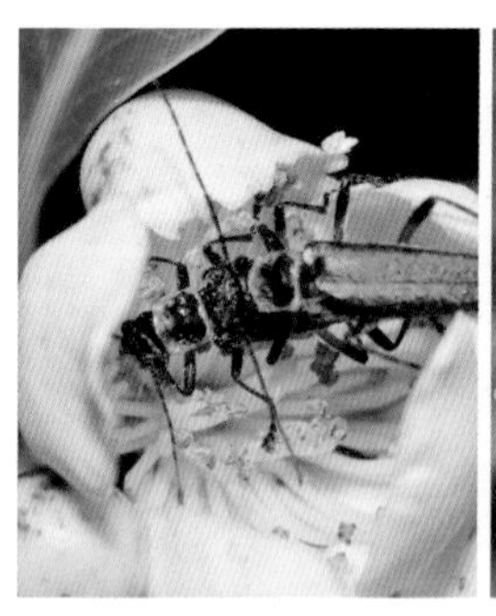

常緑広葉樹の受粉を媒介するアマミアオジョウカイ＝常田守さん撮影

子育てのため虫を捕まえたアカヒゲ

落ち葉がたまった川底。水の生き物の養分となる

リュウキュウアユ

発芽したドングリ

ドングリを食べるアマミトゲネズミ＝常田守さん撮影

伐採された森

解されて土となる。川では栄養分となって植物プランクトンやコケを育み、絶滅危惧種リュウキュウアユなどの口に入る。秋に落ちるシイの実（ドングリ）は哺乳類のごちそうとなり、アマミノクロウサギや、アマミトゲネズミなどの子育てを支える。

「水(むじぃ)や山おかげ」

（おいしい水が飲めるのは山の緑のお陰）。そんな島の言い伝え通り、森からしみ出した水は川から海へと注ぎ、人も含む命の源となっている。

希少動植物が棲む森は2017年3月、「奄美群島国立公園」に指定された。世界自然遺産になる地域を、国の責任で守る態勢を整えるためだ。だが、その外では森林伐採が続く。遺産登録には、周辺の森も守る必要があるとされているにもかかわらず、だ。常田さんは言う。

「生き物を守るには、シイの森を守らないといけない。『遺産になる場所だけ守ればいい』という考えは間違い。自然はつながっているんですから」

（2016年4月10日付）

3　森彩る希少花　盗掘で危機

アマミエビネ。赤紫の色がついた株から盗掘されていったという＝2013年3月、常田守さん撮影

亜熱帯の森で、アマミエビネの赤紫の株が目を引く。アマミカヤランは渓流沿いの枝にぶら下がり、薄黄色の花をつける。岩場に咲くアマミアセビは雪のように白く、カケロマカンアオイは林床でユニークな花を開く。

奄美大島の春を彩る絶滅危惧種の花だ。常田守さんが撮ったこれらの株はいずれも持ち去られ、今、現地にその姿はない。

環境省のレッドリスト（2018年版）に記載された絶滅の恐れのある維管束植物は1786種。奄美大島はこのうち193種が自生する「希少種の宝庫」だが、開発に加え採取・盗掘が減少に拍車をかける。

アマミカヤランは奄美大島が国内唯一の自生地で、自然保護関係者が絶滅を特に心配する。環境省レッドリストの分類も絶滅の恐れが最も高い「絶滅危惧ＩＡ類」。日本植物分類学会員の山下弘さん＝奄美市＝によると、島

アマミアセビ。自生地ではほぼ姿を消した＝2013年2月、常田守さん撮影

カケロマカンアオイ＝14年3月、常田守さん撮影

花を咲かせたアマミカヤラン＝15年3月13日、常田守さん撮影

同じ場所を3週間後に訪れると、姿を消していた＝15年4月5日

アマミカヤランが咲いていた枝を指さす常田守さん

ヒメトケンラン

に残る約30～40株のうちの一つが2015年春、姿を消した。山下さんも常田さんも「風雨などの影響ではなく、持ち去られた」とみる。

園芸で人気のアマミアセビもⅠA類で、自生地でほぼ取り尽くされ、野生種は「絶滅寸前」という。

ネットオークションサイトには「貴重品」「採取困難な種」の宣伝文句とともに絶滅危惧種の写真が並ぶ。ⅠA類のアマミセイシカ、ⅠB類のアマミテンナンショウ、Ⅱ類のカクチョウランにヒメトケンラン……。数百～数万円での取引履歴もある。

希少種の採取は、鹿児島県や奄美大島5市町村の保護条例で禁止され、違反者には懲役や罰金も科せられる。条例施行前に入手した株を増やして取引している場合もあるが、専門家は「盗掘株」の取引もあると疑う。保護関係者らは盗採掘のパトロールを続けるが、広い山中では限界もある。

「野生の花は先祖から預かり、次世代に手渡すべき遺産。盗掘は恥ずかしい行為だと気づいてほしい」と常田さん。採取だけでなく、取引や広告も原則禁止となる種の保存法に基づく「国内希少野生動植物種」にできる限り多くの種を含めるべきだ、と訴える。

（2016年4月24日付）

追記：奄美大島自生のヒメシラヒゲランやオオバシシラン、アマミチャルメルソウなどはその後、国内希少野生動植物種に追加された。

4　愛情たっぷり　希少野鳥の子育て

オオトラツグミのつがい。ヒナがえさをねだっていた

ヒナにエサを与えるルリカケス＝常田守さん撮影

深い森の樹上で、羽ばたく練習をする2羽のヒナ。体にトラに似た黒の三日月模様がある。世界で奄美大島だけに棲み、「幻の鳥」とも呼ばれたオオトラツグミだ。ミミズをくわえた親鳥が現れると、口でおねだりをした。

「奄美大島は野鳥の宝庫」と常田守さんは言う。国の資料によると、島で確認された種数（亜種を含む）は338（留鳥42、渡り鳥166、迷鳥130）。留鳥のうち12種は固有種で、環境省のレッドリスト（2018年版）掲載の絶滅危惧種は25種。国の天然記念物は5種（オオトラツグミ、ルリカケス、オーストンオオアカゲラ、アカヒゲ、カラスバト）で、種の保存法に基づく「国内希少野生動植物種」も4種（オオトラツグミ、オーストンオオアカゲラ、アカヒゲ、アマミヤマシギ）を数える。

5月10～16日の愛鳥週間の前後には毎年、そんな希少種や美しい鳥たちが子育てに励む姿がみられる。

瑠璃色の羽が特徴のルリカケスも奄美大島と周辺離島だけに棲む。木の洞や民家の軒下に営巣して2～5個の卵を産み、ヒナは25日ほどで巣立つ。

樹幹の丸い巣穴から顔を出すヒナは、オーストンオオアカゲラ。奄美大島固有のキツツキで、春先に「タララ

ヒナにエサを与えるオーストンオオアカゲラ

巣穴からヒナのフンをくわえて飛び出すアカヒゲ

ララー」と木をつつく音を響かせる。

奄美大島や徳之島に棲むアカヒゲのつがいは巣穴に虫を運んだり、フンをくわえて外に出たりと忙しい。七色と呼ばれる美声で名高いが、子育て中は「ヒーン」と警戒音を鳴らす。

アマミヤマシギは琉球列島の固有種。林床に巣を作り、親はケガをしたような動きで外敵の注意を引き、ヒナから遠ざけようとする。この時期、林

親子で歩くアマミヤマシギ＝常田守さん撮影

道沿いを親子で歩く姿が見られる。

4月ごろ、東南アジアから渡ってくるのはリュウキュウアカショウビン。「キョロロロー」と鳴き、6月からの繁殖期に向け、縄張りを主張している。奄美を代表する夏鳥で、赤く美しい姿に言い伝えがある。昔はカラスが赤い服を着ていたが、水浴び中に脱いだのをアカショウビンが横取りしてしまう。カラスは怒り、今もこの鳥を追いかけている、という話だ。

「実際によく追いかけているが、カ

鳴きあうリュウキュウアカショウビン＝常田守さん撮影

ラスは他の鳥も狙う」と常田さん。2016年4月、龍郷町の奄美自然観察の森で確認されていたルリカケスのヒナの多くが、カラスに襲われた。巣のそばで騒いだり、フラッシュ撮影を繰り返したりした人がいたため、好奇心旺盛なカラスに気づかれた可能性がある。周辺に植樹されたカンヒザクラの実を求めてカラスが集まる傾向もあり、自然の摂理だけで片付けられない被害という。「野鳥観察は少人数に分かれ、静かにね」。観察規制が必要な島にはなってほしくない。常田さんはそう願っている。

(2106年5月15日付)

抱卵するリュウキュウサンコウチョウ

カラスバト

5 ケンムンが棲む巨木

霧の中で幻想的な雰囲気を醸し出すハマイヌビワ＝いずれも奄美市住用町

霧が広がる森に、天を覆うように枝葉を広げた巨木が現れた。奄美の妖怪「ケンムン」が棲む木の一つとされるハマイヌビワ。四方に張り出した根の横幅は約11 mに及ぶ。その近くにそびえる琉球列島固有のオキナワウラジロガシは「国内最大級」と常田守さん。幹回り8～9 mで、大人10人ほどが手をつなぎ、やっと囲める大きさだ。

5月上旬、常田さんの案内で奄美市住用町にある巨木の観察会が開かれた。参加したのは保育士ら約20人。山間集落を出発し、普段は人の出入りがほとんどない山道を登るルートだ。

「ヒュルルルルッ」。国の天然記念物アカヒゲのさえずりを聞きながら進むと、常田さんが「どんどん撮影して」と促した。

カクチョウランが白と赤紫の妖艶な花を咲かせていた。森林伐採や盗掘で激減し、環境省のレッドリストで絶滅危惧Ⅱ類になっている。

頻繁に足を止め、次々と見どころを紹介する常田さん。葉の上に花や実が

絶滅危惧種のカクチョウランを撮影する女性ら

葉の上に実をつけたリュウキュウハナイカダ

マツバラン

ユウコクラン

つくリュウキュウハナイカダと、根も葉もないシダ植物のマツバランはともに準絶滅危惧種。

「この水たまりには島の固有種オットンガエルが出るよ」。キンギンソウやユウコクランなど季節の花も教える。

倒木をまたいだり、急斜面をロープでよじ登ったり。途中から雨に打たれながら、小休止をはさんで2時間超。お目当てのハマイヌビワとオキナワウラジロガシが姿を現すと、参加者から「すごい！」との声が漏れた。いずれも樹齢は数百年とみられる。保育所長の市川教子さん（57）は「大迫力。こんな見応え十分な木があるなんて知らなかった」と満足げだった。

奄美大島には数多くの希少動植物が生息するが、いつでも見られるとは限らず、屋久島の縄文杉のような「観光の目玉が少ない」と嘆く声がある。

それは間違い、と常田さんは考える。

「国内最大級」というオキナワウラジロガシ。大人11人が手をつないで囲んだ＝2016年4月、常田守さん撮影

四季を通じて楽しめる珍しい木や滝などはたくさんあるが、「知られておらず、見てもらう工夫も皆無。できる限り自然に手を加えずに観察路を整備すればいい」という。

ただ注意点や課題も。奄美大島には毒蛇ハブが生息し、ダニやブユなどの虫も多い。服装や傷害保険加入などの備えが必要だ。世界に誇る希少種も、その存在や特徴を教えてもらわないと楽しめない。島の自然に精通したガイドと、奄美の特徴を踏まえた楽しみ方の啓発。その両方の充実が急務だという。

（2016年5月29日付）

追記：2本の巨木に向かう林道はその後、歩きやすく整備された。だが道沿いの希少花の盗採掘が確認され、観察マナーの周知が求められている。国内最大級のオキナワウラジロガシは2018年1月に倒壊が確認された。

6　ハブが潜む森　守るのは人

樹上のハブ。奄美の森では足元だけでなく、頭上への注意も必要だ＝常田守さん撮影

「ほら、長いお友達だ」

奄美大島最高峰の湯湾岳（694 m）で、常田守さんが一脚で指し示した。数メートル先にいたのが、体長1.5 mをゆうに超えるハブ。草むらをスルスルと進んで大木に登ると、洞で休み始めた。

奄美群島の有人島では、奄美大島と加計呂麻島、請島、与路島、徳之島にハブが生息する。その毒は強力で、かまれると激痛と腫れが広がり、筋肉がとかされ、死亡することもある。毎年、数十人がかまれ、2014年には加計呂麻島で男性が亡くなった。

毒を出したハブ

東大医科学研究所の服部正策・特任研究員によると、体長30～80㎝のヒメハブも少量だが強い毒を持ち、かまれるとアレルギー症状で命を落とす可能性がある。14年の死亡例はヒメハブにやられたとの見方もあり、侮れないという。

危険性の高さから駆除対象となっているハブだが、外来のクマネズミを捕獲する大切な役割も担う。自然界では食物連鎖の頂点に立つ生態系の一員で、「ハブがいてこそ奄美の森」とも言われる。

島が世界自然遺産を目指す中、その自然目当ての観光客の増加が予想されるが、「森ではとにかく臆病になって」と常田さん。帽子と長袖、長ズボン、手袋に加え、長靴の着用が必須。ハブは「ピット器官」という赤外線センサーで熱を感じ、高温のものが動いていれば襲う習性があり、肌が露出した部

カエルをのみ込むヒメハブ。渓流や湿り気のある場所でよくみかける＝常田守さん撮影

外来種のクマネズミをのみ込むハブ＝常田守さん撮影

分をかまれる例が多いためだ。

ハブの活動が活発なのは気温18～27℃とされるが、冬も油断は禁物。草木や岩の陰、樹上。体力があっても、ハブが潜んでいそうな場所を確かめながら、ゆっくりと進むのが基本。かまれた場合は（1）助けを求めて安静に（2）毒を吸い出す（3）傷口より心臓に近い場所を縛る（4）早急に病院へ、の手順で行動を。重症化を防ぐための応急措置も重要という。

服部さんは「サンダル履きで山に入るなど、油断からかまれる例もある」とし、ガイドの同行を呼びかける。「きちんと怖がりながら自然を楽しむ」。そんな態度が大事だという。

一方、ハブは「森の守り神」とも呼ばれてきた。出没の恐れがある場所にむやみに近づかないように戒められ、結果として自然が守られてきた側面があるからだが、常田さんには違和感がある。

落ち葉に潜むヒメハブ（赤丸の中）。保護色のため、気づきにくい＝写真の一部を加工

よく見るとヒメハブがいた

ハブがいる森が大規模伐採ではげ山になるのを何度も目にした。ハブ駆除のために人が放ったマングースは、アマミノクロウサギをはじめとする希少動物を襲い、今ではマングースが駆除対象となってしまった。

人の手による自然破壊を止める力はハブにはない。「森を壊すのが人なら、守るのも人の役目」。世界自然遺産の島にふさわしいのは、そんな考え方だと思っている。

（2016年6月26日付）

7　梅雨　咲き誇る花々

白に紫、紅、黄、クリーム――。梅雨の奄美大島周辺では、希少種から身近な植物まで色とりどりの花が競うように咲き誇る。「梅雨こそ、島の自然の豊かさを実感できる季節」。常田守さんはそう考える。

アマミスミレ

山奥の渓流沿いでは、幻の花と呼ばれるアマミスミレがひっそりと咲く。世界でこの島だけに自生し、直径約1cmの花は、スミレの中では国内最小。乳白色の花びらに走る紫の筋模様が美しく、「森の妖精」の愛称もある。開発や豪雨災害、盗掘などで激減し、自生地は残りわずか。環境省レッドリストで絶滅の恐れが最も高い「絶滅危惧ⅠA類」に分類されている。

ワダツミノキの花

海に近い山裾に生えるワダツミノキもⅠA類で、島の固有種。沖縄県の石垣島や西表島に自生するクサミズキと同一種とされていたが、花の形態などが異なるとして2004年、京都大の研究グループが新種と発表。綿毛に覆われたクリーム色の花は直径4㎜前後で、島出身の歌手、元ちとせさんのヒット曲にちなんで名付けられた。

カクチョウランは雨にぬれると妖艶さが際だつ。草丈1ｍを超えることもある大型のランで、日の光が差す林の縁に自生する。下向きに咲く花は外は白色で、中央部が赤紫。かつては島のあちこちで見られたが、森林伐採や盗掘で減り、絶滅危惧Ⅱ類になっている。

カクチョウラン

イジュ

奄美で「梅雨の花」といえばイジュ。シロアリに強いため建築材として重宝され、奄美独特の穀物庫「高倉」の柱

コンロンカ

ギーマ

に使われた。枝先につく直径5cmほどの白い花では、蜜や花粉を求める虫の姿も観察できる。その虫をヒナのエサにし、野鳥たちはこの時期に子育てにいそしむ。花々をよく見れば、自然のつながりも感じられる、と常田さん。

道路脇でよく見られるコンロンカも雨が似合う。星形の黄色い花を、チョウの羽のような白いがく片が囲む姿がすがすがしい。島を愛した日本画家の田中一村が、イジュとともに好んで描

加計呂麻島・諸鈍集落のデイゴ並木

いたことでも知られる。

加計呂麻島（瀬戸内町）の諸鈍集落では、浜辺のデイゴ並木が深紅の花を咲かせた。町によると、2008年に確認された害虫の被害で花をつけない時期もあったが、薬散布の効果などで徐々に回復。「こんなに見事に咲いたのは十数年ぶり」と、この島の観光ガイド寺本薫子さんは喜ぶ。

周辺は映画「男はつらいよ」最終作のロケ地で、マドンナのリリーさんと寅さんは「今も島で暮らす」とされる。鮮やかなデイゴの花はその昔、沖縄からの交易船が港の目印にしたと伝えられ、澄んだ海の青とのコントラストは絶景だ。

ヤクシマスミレ

雨の日。自然ガイドも務める常田さんは雨がっぱと傘を用意し、観光客を山に連れ出す。林床に咲くヤクシマスミレ、夜に発光するシイノトモシビタケ、スズランに似た花が愛らしいギーマ……。水を得て生き生きとした植物と霧に包まれた幻想的な森を紹介し、温かいコーヒーを振る舞うと、「最高の思い出」と感激してくれるという。奄美大島の年間降雨量は2800㎜超。南国の青い空を期待する客は多いが、日照時間は全国的にみても少なく、雨天も珍しくない。恨めしそうに雨空を見つめる客がいると、常田さんはこう伝えている。

「本当の奄美が楽しめます。ラッキーですよ」

（2017年5月28日付）

8　奄美群島国立公園

沖合約 1㎞に及ぶ礁湖が広がる与論島

奄美群島の豊かな自然は2017年3月7日、「奄美群島国立公園」に指定された。国内最大級の亜熱帯照葉樹林やサンゴ礁などとともに、自然と人の関わりを示す文化景観も含めたのが特徴。指定は16年9月の「やんばる国立公園」に続く34番目。対象は有人8島（奄美大島、加計呂麻島、請島、与路島、喜界島、徳之島、沖永良部島、与論島）の陸地計約4万2000ha、海域計約3万3000ha。国立公園の指定には、奄美大島と徳之島の世界遺産登録に向けて国の保護態勢を整える目的があるが、ほかの島も特色と魅力にあふれる。

喜界島は隆起サンゴ礁の高台「百之台公園」から見下ろす絶景や、集落に残るサンゴの石垣が美しい。沖永良部島は、琉球石灰岩の海岸地形が特徴的で、県天然記念物の鍾乳洞「昇竜洞」も有名。与論島は沖合約1㎞に及ぶ広大な礁湖が最大の魅力だ。

■自然と人のつながりも指定

隆起サンゴ礁の高台「百之台」からの風景＝喜界島

従来の国立公園が主に景観という「見栄え」を重視してきたのに対し、奄美群島国立公園では自然と人のつながりを示す「文化」や「生態系」の管

サンゴの石垣に並べられた白ゴマの束＝喜界島・阿伝集落

理にも目を向けている。

その特徴の一つは「環境文化型」と呼ばれ、人と自然の関わりを示す文化や集落の景観も指定された。代表例が、サンゴの石垣が並ぶ喜界島の阿伝集落。地域ぐるみの清掃や補修などで保全に取り組んでおり、区長の麓富士男さんは「みんなで守ってきたものが評価され、ありがたい」。ただ集落は高齢化が進み、今後の保全には「何らかの支援がないと難しい」という。

奄美大島では国内最大級の照葉樹林やマングローブ林などに加え、豊作を神に祈る国重要無形民俗文化財「秋名アラセツ行事」を続ける龍郷町の秋名・幾里集落も入った。保存会長の窪田圭喜さんは「観光客の受け入れ態勢を充実させ、活性化につなげたい」。

■生態系管理型めざす

もう一つの特徴は、自然の景観だけでなく、そこにすむ生き物も含めた生態系も守る「生態系管理型」の国立公園を目指す点だ。ルリカケスやトクノシマエビネなど固有で希少な動植物が数多く生息することを重視した。高岡秀規・徳之島町長は「子孫に自然を残すため、具体的な施策を進めないといけない」。

徳之島では国特別天然記念物のアマミノクロウサギなどが生息する天城岳や井之川岳などとともに、花崗岩が露出した「ムシロ瀬」や波に浸食された断崖と奇岩で知られる「犬(いん)の門蓋(じょうふた)」などが入っている。

「ムシロ瀬」＝徳之島

「犬の門蓋」＝徳之島

昇竜洞＝沖永良部島

田皆岬＝沖永良部島

■「環境教育の充実を」

「地元の人が島の自然の価値を再認識する良い機会になる」と話すのは、沖永良部島のエコツアーガイド山下芳也さん。同島では、田皆岬や国頭岬のフーチャ（潮吹き洞窟）などの琉球石灰岩特有の海岸地形、県天然記念物の鍾乳洞「昇竜洞」などが指定区域に。

これらを楽しめる自然観光のコース作りやガイド育成などの「受け入れ態勢を整え、観光を農業と並ぶ産業にしないといけない」。

与論島は最大の特徴である沖合1㎞に及ぶ礁湖が海域公園に。大潮の干潮時だけに沖合に現れる砂浜「百合ケ浜」は旅行会社の「夏の絶景ランキング」調査で1位に選ばれるなど注目が高まっているが、観光開発に伴う自然破壊を懸念する声もある。海岸清掃を続ける「誇れるふるさとネットワーク」代表で自然ガイドの池田龍介さんは「島の魅力は自然。守らないと、客はすぐに離れる」と話し、保護の大切さを学ぶ環境教育を充実させる必要があると指摘する。

（2017年3月7～9日付から抜粋）

百合ケ浜＝与論島

【コラム：取材グッズ】

雨具に手袋、虫除け、リュック――。奄美大島への着任前、福岡市のアウトドアショップで一通りの物を買いそろえた。さて、足元はどうしよう。「奄美に行ったことあります！」という店員の勧めで登山靴を選んだ。

ところが着任後、森に連れて行ってくれた常田守さんは長靴姿。膝下まで皮膚を隠せるので、ハブに襲われた時の備えになるという。ショップでのやりとりを話すと、「屋久島と勘違いしたんじゃない。渓流にも入るし、ぬかるみも多いから長靴がいいよ」と常田さん。結局、その登山靴を奄美で履いたのは最初の１回だけだった。

島の環境省職員はそろいの長靴をはいている。その名も「マイティブーツ」。丈夫な特殊樹脂製で、林業関係者の愛用品だとか。「ハブの牙もほとんど通さないらしいよ」とある職員。「ほとんど」が気になったが、森林組合を訪れると、確かに売っていた。２万数千円也。思い切って手に入れ、島の記者仲間に自慢すると、「ハブは樹上にもいるから、上半身を咬まれないようにね」と返された。

毒の吸い出し器も必需品と聞き、これも購入。もっと大事なのが「用心棒」だという。ハブを追い払ったり、藪にひそんでいないかを探ったりするのに使う長い棒を、島ではそう呼ぶ。カメラの固定に使う一脚を使うことにしたが、何本も壊した。ハブが怖すぎて、森で藪や地面を叩きまくったためだ。

何を持っていくかで悩み続けたのが、撮影機材。小さな花や虫にはマクロ、森や星空を広く写すには超広角、野鳥を追うには望遠といった具合にレンズが増殖。渓流の生き物には防水カメラ、ウェブサイトの動画用にビデオカメラもいる。被写体を絞れば器材は減るが、奄美の特徴の「多様性」がそれを許さない。森に入ると、絵になる生き物や風景に次々と出会ってしまう。楽しくも悩ましい「奄美沼」にはまる感じだ。

取材時の筆者。履いている長靴が「マイティブーツ」

決めかねるうちに出発の朝が近づき、あれもこれもと詰め込むと、リュックはパンパンに。少しでも減らそうと、森の入り口で「今日は花狙いだから、望遠はいらないですかね？」などと尋ねるが、自然を知り尽くす常田さんの答えは、いつもこんな感じだ。

「途中で珍鳥が出るかも。鳴き声が特徴的だから、動画も面白いよね」。リュックから出しかけた望遠レンズを戻し、腰にビデオをつるすことになる。

重い器材を担いで森を歩くと、汗はだらだら、のどはからから。休憩に入ると、常田さんがコーヒーと「カシャモチ」を渡してくれる。柏餅に似た和菓子で、「クマタケラン（カシャ）」の葉でモチを包んでいる。やさしい甘みで疲れが癒やされる。包みの葉は持ち帰るが、うっかり落としても土に帰ってくれるという。

1　豊かな森の象徴　菌従属栄養植物

サクライソウ

奄美大島の深い森で、はいつくばること小一時間。「今年もあった。良かった」。安堵する常田守さんが指さす先に、サクライソウが淡い黄色の花を咲かせていた。草丈7～20cmで、花の直径は4mm前後。初夏に島のごく限られた場所でしかみられず、環境省レッドリストで絶滅危惧ⅠB類となっている希少種だ。

光合成をせず、土壌の菌から養分をもらって生きる「菌従属栄養植物」の一つ。以前は腐生植物と呼ばれていた。「光合成をしないのは、植物であることをやめるような大変革。進化を研究する上で非常に重要」と国立科学博物館筑波実験植物園（茨城県）の遊川知久研究員。だが、開花や実をつける時期にしか地上に現れないため、謎も多い。環境の変化にとても弱く、多くが絶滅の危機にある。国内で確認された約70種のうち、20種以上が自生するとされる奄美大島は「保全や研究の上で間違いなく大切な場所」という。

澄んだ青紫が美しいルリシャクジョウ、ツルが何mも木を登るタカツルラン（絶滅危惧ⅠA類）、白にうっすらと黄色を帯びるヒナノシャクジョウにユウレイラン（準絶滅危惧）、シロシャクジョウ。夏の前後、島の山中でひっそりと咲く花々も、この不思議な植物の仲間だ。

国内希少野生動植物種のヒメシラヒゲラン（絶滅危惧ⅠA類）は、小さな

ルリシャクジョウ＝常田守さん撮影

タカツルラン。木についたキノコを食べて成長する

ヒナノシャクジョウ

ユウレイラン。花は約1cmと小さく数日しかもたない

シロシャクジョウ＝常田守さん撮影

春にみられるギンリョウソウも菌従属栄養植物の仲間

葉で光合成をしつつ、菌からも養分をもらう「部分的菌従属栄養植物」の可能性もあるという。

これらが栄養を得たり、花粉を運んでもらったりするのは、植物ごとに特定の菌や昆虫に限られる場合が多く、多様性豊かな森でないと自生できない。そのため常田さんは、菌従属栄養植物を「森の豊かさのバロメーター」と呼ぶ。

「手つかずの自然が残る」と形容される奄美大島だが、環境省によると、原生林やそれに近い林を含む「自然林」は森林面積の数％。1953年の本土復帰後、パルプ・チップ材を得るために進んだ皆伐や開発の影響が大きい。90年代からは伐採量が減り、森が回復してきたとも言われるが、「多様性豊かな環境に戻るには、たぶん何百年もかかると思う」と遊川さん。

一方、豊かな森は落ち葉を蓄え、菌

ヒメシラヒゲラン

やミミズがそれを分解して表土の厚みを増し、保水力を高める。茂る葉は雨がじかに地面に落ちるのを防ぎ、土砂崩れも起きにくくする。台風や豪雨が多い奄美で森を守ることは、人の命や暮らしを守ることにもつながる。

世界自然遺産登録に向けて森の貴重さが見直されてきたが、常田さんには心配がある。「登録地と周辺だけを大切にすれば、ほかは開発してもいい」と誤解されないか、と。島の8割以上は森林で、そのふもとに人の営みがある。「守るべきは決して、遺産の森だけじゃない」。人目につかない小さな花たちが、そう教えてくれるという。

（2016年7月26日付）

2　シオマネキ　宝の干潟

ルリマダラシオマネキ

引き潮とともに広がる干潟に、色鮮やかなカニが現れた。甲羅が瑠璃色のルリマダラシオマネキに、真っ赤なベニシオマネキ。「ビューティフル！」。常田守さんが、ほほ笑みながらシャッターを切った。

ベニシオマネキ

奄美大島北部に位置する奄美市笠利町手花部（てけぶ）の海岸や河口には、個性豊かなシオマネキが生息する。

ヒメシオマネキは水際に群れてエサを取り、オキナワハクセンシオマネキはオスが白いハサミを振ってメスにアピールする。マングローブの茂みがお

水際に群れるヒメシオマネキ

白いハサミを振り、メスに求愛するオキナワハクセンシオマネキのオス

リュウキュウシオマネキ＝常田守さん撮影

ヤエヤマシオマネキのオス(左)とメス＝常田守さん撮影

気に入りなのはリュウキュウシオマネキ。ヤエヤマシオマネキは潮が満ち始めると泥団子を作り、巣穴のふたにして逃げ込んだ。

以前は沖縄本島が生息域の北限とされたシモフリシオマネキもいる。褐色の斑点が特徴で、海岸近くに住む自然写真家の勝廣光さんと常田さんが2005年ごろに手花部で発見。鹿児島大水産学部の鈴木廣志教授(甲殻類学)が生息を確認し、北限が奄美大島に更新された。

奄美大島が生息域の北限とされるシモフリシオマネキ＝常田守さん撮影

シオマネキはスナガニ科で、メスは両方のハサミが小さく、オスは片方だけが大きい。その大きなハサミを、求愛やなわばりを主張するために振る姿が満ち潮を招いているようにみえるのが名前の由来。鈴木教授によると、国内で確認された約10種のうち、島内に生息するのは7種。泥地や日陰など、種ごとにすみ分けがあるにもかかわらず、手花部ではその7種全てが観察できるため、「宝箱のような貴重な場所」と3人は口をそろえる。

そんな干潟の大切さも多くの人に知ってほしい、と常田さんは考える。カニやゴカイ、貝など多様な生き物のすみかで、それを狙う鳥のエサ場でもある。

生きた化石と呼ばれるミドリシャミセンガイ

「ほら、こんなのもいるよ」。勝さんが泥を掘ると、緑色の貝の姿が。「生きた化石」と呼ばれるミドリシャミセンガイだ。干潟の貝や潮の満ち引きは水を浄化し、奄美の美しい海を守る役目も担う。

本土と同様に、島でも護岸工事や埋め立てで干潟は激減した。手花部でも近年、ルリマダラシオマネキやベニシオマネキなどの数が減り、観察できにくくなってきたという。開発に伴って流れ込む土砂の影響が懸念されるが、原因ははっきりしない。

「森が荒廃すると干潟も荒れ、海が汚れる。自然はつながっているから、みんな守らないと」。大きさ数㎝の小さなシオマネキを見つめながら、常田さんがつぶやいた。

(2016年9月25日付)

3　消えるアジサシ

岩場から飛び立つベニアジサシとエリグロアジサシ＝ 2010 年夏、常田守さん撮影

「いないなあ……」。双眼鏡から目を離し、常田守さんがため息をついた。2016年8月上旬、夏の渡り鳥のベニアジサシとエリグロアジサシを探して奄美大島北部の海岸を回ったが、確認できなかった。「どう、いる？」。途中で出会い、声をかけた知人の野鳥愛好家も首を横に振った。

この2種は毎年6月上旬ごろ、豪州や東南アジアから飛来する。主に海の岩場にコロニー（集団繁殖地）を作り、自然のくぼみを巣にして子育てをする。

ヒナにエサの小魚を与えるベニアジサシ＝ 2010 年夏、常田守さん撮影

小魚を狙って海へ急降下したり、岩場から飛び立ったり。真っ青な海と空の間を飛び交う純白の姿は長年、奄美の「夏の風物詩」と呼ばれてきた。

かつて、ベニアジサシは数百羽、エリグロアジサシも何十羽もの群れが島のあちこちで見られたが、「そんな大群はもう、皆無になった」と常田さん。陸地からの観察が難しくなり、近年は漁船を貸し切りにして加計呂麻島周辺

青い空を飛ぶベニアジサシとエリグロアジサシ＝常田守さん撮影

交尾をする㊧エリグロアジサシと㊨コアジサシ＝常田守さん撮影

で飛来調査を続けているが、前年は確認できなかった。この年は7月末に何とか約50羽を見つけ、6月に奄美市中心部に近い漁港で姿を見たが、ともに繁殖の可能性は低いという。

減少の要因として考えられるのは、「複合的な環境破壊」。ここ数十年、コロニーに適した岩場が埋め立てや漁港整備などで次々と壊され、そのたびに群れの姿が減った。

この2種より一足早い4月に飛来し、6月に繁殖するコアジサシも、海岸の防風林として植えられた外来種モクマオウの増殖で営巣地の砂浜が狭められた後、激減した過去がある。

そして今、気になるのはエサの小魚の減少。地元の漁協役員は「海の色が黒く見えるほどのキビナゴの大群がめっきり減り、それを狙うアジサシも見なくなった」。開発に伴う海への赤土流出、地球温暖化に伴う海水温の上昇。はっきりとした理由は分からない。

アジサシのエサとなる小魚。以前より大群が減ったとの指摘がある＝2016年7月30日

海上で幼鳥（下）にエサを与えるベニアジサシ＝2020年8月23日、加計呂麻島沖

いずれも環境省のレッドリストで「絶滅危惧Ⅱ類」に分類される貴重な鳥。ベニアジサシとエリグロアジサシは、奄美大島を含めた南西諸島が世界的な繁殖地だ。島で子育てができないと、遠く離れた海外でも姿が見られなくなる恐れがある。「（アジサシの減少は）奄美だけでなく、地球レベルの環境問題につながっている」と常田さん。自然にはできるだけ手を加えない。その考えを広めることが大切だという。

（2016年8月15日付）

追記：20年夏、加計呂麻島周辺で子育てをするベニアジサシが確認された。

海岸に群れるベニアジサシ。これほどの集団は見られなくなった＝2008年夏、常田守さん撮影

4　希少ラン　天然の植物園

ナゴラン

純白の花びらに帯びた紫の筋。亜熱帯の森に咲くナゴランは妖精のように美しい。淡い黄色が愛らしいのはカシノキランとボウラン。渓流沿いの木からはキバナノセッコクが薄い黄緑の花をぶら下げ、オサランは岩肌に群れるように咲き誇る。フウランは清楚な白と甘い香りが魅惑的だ。

「まるで天然の植物園。すごいでしょう」。常田守さんは夏、奄美大島の自生地でこれらの開花を確認し、顔をほころばせる。いずれも島の常緑広葉樹の幹や岩などに生える着生ラン。日本植物分類学会員の山下弘さん＝奄美市＝によると、林床ではほかの植物との競争が激しいため、光を求めて樹上で生活するように進化したと考えられているという。奄美群島で自生が確認された着生ランは計16種。夏の前後に、かれんな花をつける種が多い。

だが、その美しさゆえに大半が絶滅の危機にある。ナゴランとキバナノセッコクは環境省レッドリストの絶滅危惧ⅠB類で、カシノキランとフウラン、オサランの3種はⅡ類。島ではかつて、比較的簡単に確認できたというボウランでさえ、準絶滅危惧種になっている。

夏に咲くランでは、サガリランが絶滅の恐れが最も高いⅠA類で、ツルランとオナガエビネもⅡ類。特にサガリ

キバナノセッコク

フウラン＝常田守さん撮影

カシノキラン

オサラン＝常田守さん撮影

ボウラン

ツルラン　　オナガエビネ

サガリラン

ランは数が極端に少ない「超」希少種で、「幻のラン」とも呼ばれている。

森林伐採や開発の影響に加え、減少に拍車をかけたのが園芸用の盗掘や採取。栽培用として特に人気の高いナゴランは狙われやすく、「ほとんどの自生地で絶滅寸前」と2人は口をそろえる。これらは県や奄美大島5市町村の条例で採取が禁じられ、自然保護関係者が盗採掘防止のパトロールを続けているが、広い森では限界もあるという。

一方、こうした希少な花や動物が生息する森を守り育てようとする動きもある。日本ナショナル・トラスト協会（本部・東京）は2013年、「アマミノクロウサギトラスト」と題して寄付を募り、島南部の瀬戸内町の民有林約百haを買い取った。場所の選定や地権者との交渉を担った常田さんによると、買収地は樹齢の若い林で、着生ランが育つほど古くはないが、「百年も経てば着生ランの宝庫になるかもしれない。森を守れば、そんな楽しみが広がる」と期待する。

今も絶えない盗掘者に対し、常田さんはこう伝えたいという。自然の花は、自然の中でこそ美しさが際だつ。取らなければ、来年もまた咲いてくれる。盗採掘は、子や孫から花を楽しむ機会を奪うことになってしまう、と。「花を持ち帰りたいなら、取らずに撮って。写真ならずっと、楽しめるんですから」

（2016年8月28日付）

5　暗い夜も宝　満天の星

奄美大島の森と住用川の上に広がる星空。夏の大三角がきらめく＝2016年9月5日、常田守さん撮影

昔々、奄美大島のミケランという若い漁（猟）師が水浴び中の天女を見つけ、羽衣を隠してしまう。天に帰れなくなった天女はミケランの妻になるが、偶然、羽衣を発見して天に戻る。ミケランも後を追うが、天人になる試験に失敗。2人は天の川両岸で離ればなれになり、七夕の日にだけ再会できるようになる——。

冥王星の名付け親とされ、星の文人と呼ばれた野尻抱影（ほうえい）（1885～1977）の著書「星と伝説」（偕成社）に、こんな話が紹介されている。天の羽衣と七夕の伝説が合体した内容だ。

「神話が生まれるほどの美しさだね」。森のガイドも務める常田守さんは、夏の大三角を撮影しながらうなずいた。ひこ星アルタイルに織姫ベガ、その間を流れる天の川。ガイド中、満天の星に感激する客の姿をたくさん見てきた。「都会と違い、奄美の夜は暗

夜空を彩る天の川＝9月10日、宇検村

くて星がよく見える。発想を変えれば、人をひきつける武器になる」と考える。

その武器を生かす動きで先行するのが、奄美と一緒に世界自然遺産を目指す沖縄・西表島を含む西表石垣国立公園。星が見える暗い夜空を守って観光振興につなげようと、地元の石垣市と竹富町などが準備を進め、2018年3月末、国内初の「星空保護区」に暫定認定された。

奄美大島最高峰・湯湾岳の上で軌道を描く星＝9月10日、宇検村

中秋の名月に照らされるマングローブ＝9月15日、奄美市住用町

世界の天文学者や環境学者らでつくる国際ダークスカイ協会（IDA、本部・米国）が01年に始めた制度で、「地球で最も暗い夜空が保たれている場所」が対象。21年2月時点で世界の約160カ所が認定され、星空を楽しむ旅行「アストロツーリズム」の目的地として注目される地域もある。

IDA東京支部代表の越智信彰・東洋大准教授（環境教育）によると、認定には世界基準を満たす夜空の暗さに加え、屋外照明の光を無駄な方向に漏らさないなどの規定を守ったり、夜空を守る地域活動を続けたりする必要がある。石垣島は06年に夜空を守る「星空宣言」を発表し、島の明かりを消して星を楽しむ観察会も続けてきた。伊豆諸島にある神津島村（東京都）も20年12月、国内2例目の星空保護区に認定されている。

一方、過剰な照明は「光害（ひかりがい）」と呼ばれるが、「天体観測だけではなく、生態系や人にも影響する問題」と越智准教授。例えば、虫が街灯に引き寄せられることで本来の居場所から消えれば、その虫をエサにする動物に影響する。星や月の明るさを頼りに方向を判断する渡り鳥が、建物の光などで迷子になる恐れもある。街灯が稲の生育に影響したり、まぶしすぎる照明が睡眠障害の原因になったりする例もあるという。夜間の安全のために適度な照明は不可欠だが、「光は必要な方向に必要な明るさで、必要な時間だけ使うことが大切」と指摘する。

澄んだ空気と少ない明かり。奄美大島で星の観察会を開く県立奄美少年自然の家（奄美市）によると、島の観察条件は「決して沖縄には負けない」という。

晴れた夜。常田さんは空を見上げてほしいと思う。「そこに宝物があると気づくはずだから」

（2016年10月9日付）

6　個性豊か　神秘の滝

深い森の中に切り立つ断崖。その岩肌を、白く長い水の帯が轟音を響かせて流れ落ちる。奄美市住用町にある「タンギョの滝」だ。推定落差は九州最大級の100～120m。「大迫力の名瀑（めいばく）。撮影はしばらく眺めてからね」。常田守さんは岩場にカメラを置き、腰を下ろした。奄美大島は年間降雨量2800㎜超の「水の島」で、個性豊かな滝が点在する。中でも常田さんが注目するタンギョの滝の撮影に同行した。

タンギョの滝。左下の岩にいる人と比べると大きさが分かる＝常田守さん撮影

滝の対岸の林道から森に入り、ロープにつかまりながら急斜面を下る。沢が見えると、今度は崖下に落ちないように足元を確かめながら道なき道を下流側へ進む。ハブにも注意しながら、滝下の岩場まで約1時間。「毎回、もう二度と来ないと誓うんだけど……」。苦笑いの常田さんが指をさした先に、疲れを吹き飛ばす絶景が広がる。「タンギョは島の言葉で滝の意味。まさに『滝の中の滝』。しばらくすると、また見たくなる」。

その落差は日本の滝百選に選ばれた佐賀県の見帰りの滝（約100m）や屋久島の大川の滝（約88m）をしのぐとされるが、正確な数字ははっきりしない。奄美市住用総合支所は「観光の目玉となりうる島の宝」と期待する一方で、「観光客だけで近づくのは危険。見学は経験を積んだガイドの案内が必須」と呼びかける。自然保護や見学者の安全確保との両立が課題だ。

神秘的な雰囲気と美しさなら「田平

幻想的な田平の滝と星空

の滝」だ。同市の崎原地区にあり、広い滝つぼで水遊びもできる。夜は星空とともに楽しめる。一部に危険箇所はあるが、車道から下りて渓流沿いを歩けば、20分前後でたどり着ける。その行程では国天然記念物アカヒゲなどの野鳥の美声が聞こえ、奄美を代表するシダ植物シマオオタニワタリが樹上に群生する姿も確認できる。

だが滝の上流で産業廃棄物処分場の建設が計画され、地域住民が自然破壊と集落の水源汚染につながると反対運動を行ったことも。「田平は島の魅力を気軽に満喫できる貴重なスポット。開発なんてもったいない」と常田さん。

島南東部の海岸にある「篠穂の滝」は、森から海に流れ落ちる秘境の滝として知られる。断崖絶壁に囲まれて陸からは近づけず、その姿を正面から見るには船やシーカヤックで海に出るしかない。住用町の山間港からは遊漁船で約40分。外海のため、少し荒れれば船は出せない。遠めから滝を見下ろせる林道はあるが、台風や大雨で通行止めになることが多い。穴場感も魅力の一つだ。

女性司祭のノロが身を清めた聖域とされる加計呂麻島の「嘉入の滝」や悲恋伝説が伝わる龍郷町の「じょうごの滝」、美しい滝つぼが旅人をいやしたとされる大和村の「マテリヤの滝」など島には逸話を持つ滝も多い。常田さんは言う。

「水は命の源。流れ落ちる滝の姿には、人の心に訴える何かがある」

(2017年9月10日付)

森から海に流れ落ちる篠穂の滝

7　光る生き物　闇夜彩る

闇夜に舞うキイロスジボタル（約６分間露光）。観察時に懐中電灯を使うのは安全のために仕方ないが、「強い光はホタルの活動を妨げるので、なるべく弱い光で」と川畑力さん

キイロスジボタル

暗闇でホタルが舞い、老木に生えたキノコが幻想的な光を放つ。湿地では線香花火のような花が咲き、雨にぬれた渡り鳥の羽は宝石のようにきらめく。夏の夜、奄美大島は生き物たちの輝きで彩られる。

「見事でしょう。地元の名所にできないかと思っています」。奄美自然観察の森（龍郷町）指導員の川畑力さんが案内してくれた龍郷集落そばの林では、キイロスジボタルが幾重もの光跡を描いていた。琉球列島や台湾などに生息し、幼虫期から陸上で過ごす陸生の黄色いホタル。「水辺の生き物との印象が強いが、世界のホタルのほとんどが陸生。島でも林間にいる」と川畑さん。

来島して調査した経験もある久米島ホタル館（沖縄県）の佐藤文保館長によると、奄美大島では８種のホタルが確認され、このうちアマミマドボタルやアマミヒゲボタルなど６種が固有種（亜種も含む）。調査が進んでいないため、新種が見つかる可能性もある重要な島だという。

葉の上で光跡を描くアマミマドボタルの幼虫（約８分間露光）

アマミマドボタルの幼虫

観察の森では、光るキノコとして知られるシイノトモシビタケが楽しめる。高さ数cm、傘の直径１～2cmの

幻想的な光を放つシイノトモシビタケ（約２分間露光）

サガリバナ。線香花火のような一夜限りの花を咲かせる

雨にぬれて宝石のように輝くリュウキュウアカショウビン

小さなキノコで､愛称は｢森の妖精｣。昼間は薄茶色だが、体内の光る物質が酵素の働きで発光する。八丈島（東京都）や和歌山県、大分県などでも確認され、湿度の高い梅雨期を中心に生えては枯れるサイクルを繰り返す。奄美では条件がよければ、９月ごろまでみられる。

マングローブ林に近い湿地で夏の夜、甘い香りを漂わせて咲くのがサガリバナ。奄美から沖縄、東南アジアにかけて分布する常緑樹で、白や薄紅色の花が垂れ下がるように咲くのが名前の由来。闇の訪れとともに花が開き、夜明け前に落花。一夜限りの命とその姿から線香花火にたとえられる。開発などで多くが切り倒され、島では見られる場所が限られている。

リュウキュウコノハズクの幼鳥。鳴き声をあげ、親鳥にエサをねだっていた

炎のように鮮やかな体色の渡り鳥リュウキュウアカショウビンは、夜雨の中で美しさがさらに際立つ。全長30㎝前後のカワセミの仲間。本土に渡るアカショウビンと比べて羽が紫がかっているのが特徴で、雨粒がつくとサファイアのように輝く。毎年４月ごろに東南アジアから飛来して繁殖し、帰るのは９月ごろ。雨の日によく鳴くとの言い伝えもあり、島では「雨乞い鳥」とも呼ばれている。

フクロウの仲間リュウキュウコノハズクも奄美の夜を代表する生き物として外せない。「ホホッ」という鳴き声が島民になじみ深いが、夏には「シャッ、シャッ」が響く。巣立ち間もない幼鳥が親にエサをねだる声で、３羽が一緒のことも。くるくると頭を回すしぐさも愛らしい。

夜はハブの活動が活発になるので十分な注意が必要だが、林道沿いでもアマミノクロウサギやルリカケス、アマミヤマシギなど多くの希少種を観察できる。常田守さんは言う。「24時間、365日楽しめるのが奄美。寝る暇がなくて困るんだ」

（2018年８月19日付）

8　希少クワガタ　密猟から守れ

アマミマルバネクワガタ

奄美大島の林道から夜の森に入ると、老木に黒光りする虫の姿があった。短いあごにずんぐりとした体。採集禁止の絶滅危惧種アマミマルバネクワガタだ。「いた、立派なオス！」。環境省のアクティブレンジャー牧野孝俊さんが興奮気味に声を上げた瞬間、周囲に車のエンジン音が響いた。「密猟者かも。（懐中電灯の）ライトを消しましょう」。牧野さんに促され、息を潜めた。島周辺で希少昆虫の密猟が問題となって久しい。特に狙われやすいクワガタを中心とした同省のパトロールに2018年9月、数回同行した。

「限られた場所でしか育たないので、守らないと絶滅しかねない」。車の音が消えた後、牧野さんがため息まじりに教えてくれた。

アマミマルバネクワガタの幼虫が育つのは樹齢100年を超えるようなスダジイの洞。奄美大島と加計呂麻島、徳之島だけに生息する固有種だが、そんな立派な老木が残る森はごくわずか。しかも成虫になるまで2～3年もかかる。9月ごろに繁殖のために地上で活動するが、過剰採集などで激減し、環境省レッドリストで「絶滅危惧Ⅱ類」に分類されている。

アマミヒラタクワガタ

アマミノコギリクワガタ

森をさらに進むと、木の根元に奄美大島の固有亜種アマミヒラタクワガタがいた。幹をよく見ると、赤い矢印が塗られている。密猟者が道案内などの目印としてつけた可能性があるという。林道に戻ると、1台の車がとめられ、運転手は森に入ったようだった。周辺はアマミノクロウサギ目当てのガイドツアーや撮影の対象とはなっていない場所。牧野さんは「クワガタ狙い以外で、深夜に訪れる理由は考えにくい」

県立博物館の金井賢一・学芸主事（昆

赤い矢印が塗られた木の幹を指さす牧野孝俊さん

アマミミヤマクワガタ

虫担当）によると、奄美群島に生息するクワガタは計11種。中でも固有種はマニアの人気が高い。島の自然に詳しい東大医科学研究所の服部正策・特任研究員は、2000年代の昆虫ブーム前後に多くのハンターが来島したと振り返る。富裕層から高額の報酬付きで依頼された腕利きもおり、「幼虫もごっそり捕っていった」という。

その結果、昆虫採集で数は減らないという認識が揺らいだ。開発による生息環境の悪化に加え、人気種を中心に「過度の採集で激減」（鹿児島県レッドデータブック）などと懸念が拡大。アマミマルバネクワガタとアマミミヤマクワガタ、アマミシカクワガタの3固有種は13年、奄美大島5市町村共通の保護条例で採集が禁じられ、違反す

アマミシカクワガタ＝大坪博文さん提供

れば1年以下の懲役または50万円以下の罰金などとなった。だが、密猟の痕跡はその後も見つかり、インターネットのオークションサイトには1匹数千～数万円での取引履歴が並ぶ。条例指定前に捕った個体の子孫と表記される例が多いが、「密猟個体の出品」を疑う自然保護関係者は多い。

そうした影響が心配される中、環境省が18年夏からパトロール対象に加えたのが、周囲約25㎞、人口約90人の請島（瀬戸内町）にしかいないウケジママルバネクワガタだ。体長48～64㎜で、最も大型になる日本産クワガタの一つとされる。約25年前、奄美

ウケジママルバネクワガタ。アマミマルバネクワガタの亜種とされるが、外見上の区別は難しい＝請島

絶滅危惧ⅠA類のウケユリ＝請島

保護パトロールでウケジママルバネクワガタを探す益岡一富さん（左）＝請島

大島などに生息するアマミマルバネクワガタの「新亜種」として発表されると、1匹十数万円で売買されるほど人気になった。

一方、マニアによる大量採集などで激減したため、04年に県条例で捕獲が禁じられ、16年には種の保存法に基づく国内希少野生動植物種に指定された。同法は捕獲に加え取引も原則で禁じ、罰則は5年以下の懲役または500万円（法人は1億円）以下の罰金などと厳しい。

請島の森にはウケユリなどの希少植物も自生するため、町は入山を許可制にし、島民グループ「池地みのり会」（益岡一富会長）の同行も求める。研究などの正当な目的でないと、許可しないこともある。それでも近年、貸し切り船でこっそり入島した例などが確認されているという。

密猟パトロールを担うのはみのり会。ウケジママルバネクワガタの姿がみられるのは初秋までだが、幼虫が育つ腐葉土ごと持ち去る事例もあるため、年間を通じて警戒していくという。

同省の千葉康人・世界自然遺産調整専門官は「この小さな島に貴重なクワガタがいることはマニアには知られているが、一般の認知度は低い。捕獲禁止と地元の努力を広く知ってもらい、保護の強化につなげたい」。ウケユリや希少ランなども含めた島の貴重な自然を知ってもらおうと、同省は島民対象の勉強会も開いた。みのり会の益岡会長は言う。「身近な生き物たちが、世界的な宝なんだという認識が広がってきた。自然が自慢の島なので、みんなで守りたい」

（2018年11月11日、19年11月10日付から抜粋）

【コラム：あるある】

「ほら、やっぱり」。奄美の森を知る人なら心当たりがあるかもしれない、「あるある」体験をご紹介。

■構えると出ない

撮影しようと意気込むと、うまくいかない。一番人気のアマミノクロウサギがその典型。夜の林道を車でゆっくりと進みながら探すが、ファインダーをのぞいているうちは気配ゼロ。一息つこうと飲み物に手をのばすと、ひょっこり現れる。美声で知られるアマミイシカワガエルも「今日は鳴かないな」と器材を片付けると、盛んに鳴き始める。カメラを再び構えると、また静かになる。粘るか、帰るか。悩んでいると、夜が明ける。気配が伝わるのかな、と思うが、もてあそばれている気も。両種とも案内役に徹すれば、比較的簡単に見せられる。見るのと撮るのは別物だ。

■ハブ！

長いひもや棒が路上に落ちていると、ハブだ、と警戒してしまう。似た経験をした人は多いはず。同じ鹿児島県で、ハブがいない沖永良部島で茂みを歩いた時、いつもの癖で一脚で足元を確認しまくっていた。「いませんよ、ハブ。同じことをする奄美大島の人、多いけど」とガイドさんに笑われた。

■大事なものだけがない

レンズも三脚もばっちり用意したのに、さあ撮影となると、記録メディアが満杯だったり、バッテリー切れだったりする。出発前、あんなに確認したのに。

希少ランを撮影する常田守さん。1時間ほどかけてベストショットを狙った

■スマホに完敗

くっきりと美しく撮影しようと、花の撮影ではマクロレンズを使う。色んな角度から時間をかけて、百枚以上撮ることも多い。最後に、データが消えた時の備えでスマートフォンで数枚撮影するが、そちらの方が綺麗に撮れていることがある。少しせつない。

■また来年

希少花の盛りを狙って深い森まで歩くと、まだつぼみの段階。しばらくして再訪すると、花が枯れて落ちている。はい、次のチャンスは来年。

■たどりつかない

常田守さんとの撮影が、予定通りに進むことはまずない。「珍鳥がいるよ」「あそこの虫、面白いよ」。道すがら、次々と被写体を思い出し、見つけ、撮影タイムに入るからだ。早朝に出発したのに、目的地に着いた時には夕方。暗すぎて、お目当ての花の撮影は断念、ということも多かった。魅力的な被写体だらけの奄美の多様性と、常田さんの造詣の深さゆえのこと。もう慣れました。

1　ロマン実る　マメ科植物

ぶら下がったモダマの実。長いさやは１ｍ超

秋に１ｍを超える巨大なさやがつくモダマ（藻玉）に、春に赤紫の花がブドウの房のように鈴なりで咲くイルカンダ。ワニグチモダマは奄美大島が分布の北限とされ、ナンテンカズラは黄色い花が愛らしい。いずれも奄美大島の海岸近くに生える個性的なマメ科植物で、種子やサヤが海水に浮き、遠方まで漂着する。「海と奄美の自然のつながりを感じさせてくれる植物」と常田守さんは言う。

藻玉の名は、海藻に混じって漂着する種子を「海藻の玉」に見立てたとされる。一つのさやに10個前後入った種子は直径約5㎝もあり、大蛇のように太いツルが縦横無尽に伸びる姿は童話「ジャックと豆の木」を思わせる。

だが、開発などで減少し、環境省のレッドリストで絶滅の恐れが最も高い「絶滅危惧ⅠＡ類」に分類されている。奄美市住用町には奄美群島最大の群落があり、樹齢は百年以上。幕末の奄美の姿を伝える民俗史料「南島雑話２」に「住用に生ず。薬入に宜し。又煙硝入によし」と記され､薩摩藩時代の「モ

巨大なモダマのつる

奄美博物館に保管されている㊧モダマの種子と㊨さや

赤紫の花があでやかなイルカンダ

ダマ見廻り役」の存在を示す文献もあり、貴重品だったとうかがえる。今は市の文化財で、採取は禁止だ。

住用町にはイルカンダも点在する。「大自然のシャンデリア」とも称される花房は長さ15～30㎝。自生地が限られ、開花が不規則な沖縄本島では「幻の花」とも呼ばれる。イルは色、カンダはカズラを意味する沖縄の方言。別名ウジルカンダのウージルは三線の男弦の意という。奄美大島に生息しないオオコウモリが受粉を媒介するとされるが、島内でも実をつけており、ほかの生き物が媒介する可能性も指摘されている。

ワニグチモダマは十数年前、同市の朝仁海岸で初めて確認され、自生の北限に。和名は、神社の軒下などにつるされた鐘「鰐口（わにぐち）」に種子が似ているからといわれ、冬から春にかけて淡い黄緑の花が咲く。準絶滅危惧種だが、巻き付いたアダンとともにつるが刈られたこともあり、町内会などが保護を呼びかけている。

住用町に広がる国内最大級のマングローブ林周辺には、トゲがあるナンテンカズラや、実の毒が漁に使われたというシイノキカズラといったマメ科の仲間がみられる。これらの分布域は種ごとに異なるが、東南アジアや中国南

イルカンダの花と実＝常田守さん撮影

ワニグチモダマの花

ナンテンカズラの花

部、台湾などに生息。奄美大島には黒潮に乗ってたどり着いたとも言われるが、実ははっきりしない。琉球大の横田昌嗣教授（植物分類学）によると、海流で運ばれたなら沖縄県の八重山諸島にも分布するはずだが、モダマやイルカンダなどは見つかっておらず、海流だけで分布の広がりを説明するのは難しいという。

どこから来て、どこまで分布を広げるのか。そんな謎もマメ科の魅力、と常田さん。海岸での漂着物探しは「ビーチコーミング」と呼ばれ、愛好家の間でモダマの種子はお宝の一つだという。「マメにはロマンが詰まっている。森や浜辺で探すのは楽しいよ」。

（2017年5月14日付）

2　渡り鳥の聖地　田袋

セイタカシギ

タカブシギ

エリマキシギ

タシギ

奄美大島北部の龍郷町秋名地区は、島の人が「田袋」と呼ぶ水田がまとまった広さで残る唯一の場所。そんな秋名の田袋では毎秋、多くの渡り鳥が南下する途中で羽を休める。「奄美は希少な留鳥の生息地としてだけでなく、渡り鳥の中継地としても重要。特にエサが豊富な水田は大切だ」。そう話す常田守さんと周辺を回った。

「雌雄の群れ。格好いいねえ」。常田さんが盛んにシャッターを切ったのが、セイタカシギ。すらりと長いピンク色の脚が特徴で、英名は竹馬を意味する「Stilt」。全長37㎝。黒い羽と白い体のコントラストも美しく、「水辺の貴婦人」とも呼ばれる。環境省レッドリストで絶滅危惧Ⅱ類に分類される絶滅危惧種で、旅鳥だが島で冬を越す個体もいるという。

人の気配に気づき、「ピッピピピ」と鳴いて飛び去ったタカブシギも絶滅危惧Ⅱ類。全長20㎝で、羽の模様がタカに似ている。ユーラシア大陸北部で繁殖し、アフリカやインド、東南アジアなどで越冬する。

あぜではエリマキシギが短いくちばしでエサを探していた。オスの夏羽の首に襟巻き状の美しい飾り羽があるのが名前の由来。繁殖地のユーラシア北

コアオアシシギ　　イソシギ

奄美市住用町に飛来したコウノトリ。龍郷町秋名でも確認されている

部では、オスがその襟を広げたり飛び上がったりしてメスを奪い合うという。

タシギの体は枯れ草や土の保護色で、経験がないと見つけにくい。見た目は地味だが、西行法師の名歌「心なき身にもあはれは知られけり　しぎ立つ沢の秋の夕暮れ」に歌われたのは、この種とされる。体の割に長いくちばしが特徴だ。

「ピョピョピョ」の3音で鳴きながら飛ぶコアオアシシギと、それより一回り大きいアオアシシギの姿も。お尻を上下に振るイソシギや全長15㎝と小さいトウネンも愛らしい様子をみせた。常田さんが周辺で過去に撮影したのはシギ類だけで約30種にのぼる。ほかにもチドリやサギ、カモの仲間など多くの渡り鳥が飛来し、国の特別天然記念物コウノトリや絶滅危惧Ⅱ類のナベヅルの姿も確認されている。

ナベヅル

虫やカエルなど豊富なエサがそろう田袋は島の生き物だけでなく、世界を飛び回る渡り鳥も育む「生物多様性の源」だという。

田袋はかつて島の各地にあったが、減反政策に伴う畑地への転換や農家の高齢化などでほとんどが消滅。龍郷町によると、秋名地区に残る約40haのうち、作付面積は約6haにとどまる(2017年10月時点)。それでも地元の秋名と幾里の両集落は協力して田袋を守り、豊作を祈る国の重要無形民俗文化財「秋名アラセツ行事」を継承。集落の一部は17年3月、人と自然のつながりを示す文化景観として、奄美群島国立公園の指定地域に選ばれた。

島が目指す世界自然遺産登録は照葉樹の森が対象だが、自然と文化の源となる田袋も次世代に残すべき奄美の遺産だ、と常田さんは確信している。

(2017年10月29日付)

3　路傍の希少植物　草刈り被害

フジノカンアオイ。林道沿いに多くの株があったが、草刈りで減ったという

「毎年減っている。大丈夫かなあ」。奄美博物館（奄美市）の自然担当職員平城達哉さんが心配する植物がある。奄美大島の固有種で、絶滅の恐れがあるフジノカンアオイ。自生地の一つで、世界自然遺産の候補地に近い林道脇で2019年1月、数が減ったのを確認した。

道ばたで咲いたアマミテンナンショウ

複数の自然保護関係者が原因とみるのが、道路管理のための草刈りだ。

奄美大島は約190種もの絶滅危惧植物が自生する「希少種の宝庫」。森の中だけでなく、道ばたで観察できる種も多いが、知られずに雑草と一緒に刈られる被害が長年続く。

フジノカンアオイは地表近くに広げる光沢のある葉が特徴で、根元に直径3～4㎝の花を春につける。自生地の森林伐採に加えて薬用や観賞用のための採取が相次ぎ、環境省レッドリストで絶滅危惧Ⅱ類に分類されている。この林道脇では絶滅危惧ⅠB類のアマミテンナンショウもみられる。筒状の緑の花と鳥のあしのような葉がユニークで徳之島と奄美大島の固有種。島の植物に詳しい奄美市の植物写真家山下弘さんによると、両種は葉が刈られても地下茎や球根が残れば生えてくるが、何度も続くと枯れてしまう。「時期を選んで刈れば大丈夫な種も、全く手をつけてはいけない種もある。植物に応じた配慮が必要だ」と話す。

山下さんが懸念するのがリュウキュウスズカケ。開発で一時は絶滅したと

㊧道路脇で咲くリュウキュウスズカケ。一時は絶滅したとも言われた希少種㊨秋にピンクの花をつける

リュウキュウサギソウ

ツルウリクサ

研修会で草刈り被害にあったリュウキュウスズカケを行政職員らに説明する山下弘さん（右）

アマミタチドコロ

され、今も絶滅の恐れが最も高い絶滅危惧ＩＡ類。公道脇にある貴重な自生地の一つでは16年冬、散策イベント前の草刈りで被害にあった。指摘すると注意を促す三角コーンが置かれたが、その後も伐採され、残る株の状態も悪くなった。

島内から消えた可能性がある種も。ＩＢ類のササバランは3年連続で島内唯一とみられる自生地で刈られ「18年に、ついに確認できなくなった」と山下さん。奄美大島が国内最後の自生地とされるツルウリクサ、琉球列島に分布するリュウキュウサギソウもＩＢ類だが、これらも道路脇に生えている。

被害を防ぐため、鹿児島県大島支庁などは担当職員や作業関係者を集めた研修会を続ける。講師として招かれた山下さんは18年秋、アマミタチドコロの自生地を案内した。奄美大島固有種でＩＡ類のツル性植物だが、一般

ダイサギソウ

には知られていないためだ。研修会ではこうした注意が必要な種や場所を伝えているが、担当者が変わると、また伐採されることも少なくないという。

別の問題もある。知らないと刈られるが、生息地の情報が広がると盗採の可能性が高まる種がある。ＩＢ類のダイサギソウやカンアオイの仲間はマニアの人気が高く、注意を促す目印はつけにくい。島の環境省事務所は「関係機関の情報共有と、盗採防止の啓発の両方に力を入れるしかない」とする。

長年、この問題を指摘してきた常田守さんは「本当に伐採が必要な場所かどうかも考えてほしい」と訴える。草刈りによって周辺の日当たりを良くし、かえって外来種を含めた雑草を生えやすくしている場合もあるためだ。

道ばたでも珍しい植物が楽しめるのが奄美の魅力。観光資源にもなる。「刈るのはもったいない」。島の自然を知る人たちはそう口をそろえる。

（2019年2月11日付）

4　最高の自然教材　マングローブ

国内最大級のマングローブ林

干潟を走り回る子どもたちが、青く丸っこいカニをつかまえて質問した。

「これ、何て名前？」「ミナミコメツキガニ。横じゃなくて前に歩くんだ」

奄美市住用町（奄美大島）のマングローブ林周辺であった秋の自然観察会で、案内役の常田守さんが答えた。

水辺で跳ねるミナミトビハゼに、ハサミを振ってメスにアピールするオキナワハクセンシオマネキ、泥塚を作るオキナワアナジャコ。「この島にしかいないリュウキュウアユもいる。ここは生き物の宝庫」。常田さんの説明に、約30人の参加者がうなずいた。

干潟でエサをとるミナミコメツキガニ＝常田守さん撮影

マングローブ林の干潟にすむミナミトビハゼ＝常田守さん撮影

オキナワアナジャコ

住用町のマングローブ林は面積71haで、西表島（沖縄県）に次ぐ国内2位の広さ。ただ「マングローブ」という木はない。マングローブは淡水と海水が混ざり合う汽水域に育つ植物の総称だ。その代表がヒルギの仲間で、島にはメヒルギとオヒルギが自生する。名前からメスとオスのように勘違いされることもあるが、別々の植物だ。

違いは葉や根を見れば分かる。メヒルギの葉は小さめで、竹ぼうきを逆さにしたような根が縦に張る。一方のオヒルギは葉先がとがり、根は横に広がる。呼吸のために地上に出た気根（呼吸根）もユニークで、人のひざに似た形状から「膝根（しっこん）」と

㊨オヒルギの「膝根」。形が人の曲げたひざに似ている㊧メヒルギの種子。発芽した状態で落下し、流れ着いた先で育つという＝いずれも常田守さん撮影

河口に広がるマングローブ林。20～30年前は幼木だったという＝常田守さん撮影

アマミアラカシの実をくわえるルリカケス。マングローブの陸地化が進んだ証拠という＝常田守さん撮影

も呼ばれる。

ヒルギの黄色い葉を指さし、常田さんがかじるように促した。「少ししょっぱい」と参加者。根は塩分を取り除く機能を持つが、それでも吸い上げた余分な塩分を葉に蓄えて落とすという。落ち葉はカニやウミニナなどのエサとなり、彼らが排出したフン（有機物）は上げ潮で上流部に運ばれ、マングローブの植物の栄養となる。

通常、植物の種子は落ちてから芽を出すが、ヒルギは親木についたままで発芽し、20㎝前後の棒状に育ってから落下する。浮く種子や沈む種子、水中を漂うものもあり、潮に乗って流れ着いた場所で根を張り、分布を広げる。塩水と泥という過酷な環境で子孫を残す「戦略」と常田さんはみる。

「ギャー」。そばの林でルリカケスが鳴いた。「マングローブには陸地を作る機能があると教えてくれている」と常田さん。ヒルギ林の成長とともに干潟は陸地化が進み、サキシマスオウノキやイボタクサギなどに加え、ドングリがなるアマミアラカシも育つ。そのドングリを食べに来るのがルリカケスだからだ。参加者で市立金久中3年の松野伊吹さんは「初めて知ることばかり。自然の見方が変わった」。山側の陸地化が進む一方、海側では20～30年前は幼木だったヒルギが育ち、マングローブ林が広がりつつある。

周辺は国定公園の特別保護地区だったが、17年3月に国立公園に。生き物の捕獲は禁じられているが、環境省は、子どもがカニと遊ぶ程度は問題ないとする。潮の干満と生き物が織りなす「ダイナミックな自然を学ぶ最高の教材。多くの親子に訪れてほしい」と常田さん。一年中楽しめるが、熱中症の心配が少ない秋や冬がお薦めという。

観察会の後、男の子が父親に話しかけていた。「ここ、すっごく楽しい。また来ようね」

（2016年11月27日）

オヒルギの蜜を吸う虫

自然観察会に参加した男の子。干潟でカニをつかまえ、笑顔をみせた

5　希少種の花　海辺にも

ホノホシ海岸で開花したイソノギク

太平洋の荒波に削られた玉石が広がる奄美大島南部のホノホシ海岸（瀬戸内町）。その浜で毎秋、強い潮風に耐えるように咲く花がある。島の三大野菊に数えられる絶滅危惧種のイソノギクとオキナワギク。「あまり知られていないけど、奄美は海岸にも希少種が多いんだ」。常田守さんが断崖で撮影しながら教えてくれた。

両種ともに琉球列島固有の多年草で、奄美大島が自生の北限。イソノギクは高さ15～50㎝で、薄紫を帯びた直径5㎝ほどの白い花が美しい。日本植物分類学会員の山下弘さん＝奄美市＝によると、約40年前は島北部のあやまる岬にも自生地があったが、道路工事や人の踏みつけで姿を消した。

オキナワギクの花も白いが、直径約3㎝と一回り小さい。葉は肉厚で、地をはうように広がる。島では以前、放し飼いの家畜から野生化したヤギに食い荒らされたことも。その食害は海辺の斜面を裸地化し、土砂崩れにつながった場所もあり、地元自治体が猟友会に委託し駆除を続けている。

ホノホシ海岸の崖地で咲くオキナワギク

葉が特徴的なオオシマノジギク

三大野菊のもう一つは、大島の名を冠したオオシマノジギク。葉が三つに分かれ、裏側が灰白色なのが特徴。海岸の砂浜などに生えるため、磯を意味する島の方言から「イショギク」とも

徳之島のハマトラノオ。奄美大島にもあるが激減している

断崖に咲くモクビャクコウ

イソマツ

呼ばれる。強い繁殖力で在来種を脅かす特定外来生物オオキンケイギクの生息地と重なる恐れもあり、影響が心配されている。

徳之島の海岸沿いではハマトラノオの青紫の花が風に揺れる。別名はカントラノオ。奄美大島や五島（長崎県）などの海辺にもある多年草で、大きさ7～8㎜の花が円錐状につく。

12月上旬、波しぶきがかかるような奄美大島の岩場で開花していたのが、モクビャクコウとイソマツ。ともに薬になるため、乱獲されたことがある。キク科のモクビャクコウは高さ30～80㎝の小低木で、冬に円錐状の淡い黄色の花をつける。全体に帯びた白い綿毛を、仏の眉の間で光を放つとされる白い毛「白毫（びゃくごう）」に見立てたのが名前の由来とされる。イソマツは高さ7～15㎝と小さめで、直径約5㎜の紅紫色の花が愛らしい。奄美での花期は9～10月だが、年明けに咲く株もあるという。

これらの花は海岸でしっかりと根をはり、少々の潮風では枯れない葉を持つ。「生き残るため、ほかの植物が育たないような場所に適応したのでしょう」と山下さん。だが、イソノギクは環境省レッドリストの絶滅危惧ⅠB類で、ほかの5種もその次のⅡ類。いずれも海岸開発に加え、園芸用や薬用の採取などで数が減っている。

世界遺産登録に向けた保護態勢を整えるため、17年に奄美群島国立公園が誕生。遺産候補の森には厳しい開発規制がかけられたが、候補外の海岸の規制は比較的緩く、大型客船の寄港施設など大規模な開発計画が浮上した。海辺の自然は人の生活圏に近く、影響を受けやすい。「希少種の生息地は森だけじゃない。よほど注意しないと、世界の宝となる海の自然が失われてしまう」。潮風に揺れる野菊を見るたびに、常田さんはそう感じるという。

（2017年12月10日付）

6 ロードキル深刻 ゆっくり走行を

アマミハナサキガエル。数分後に動かなくなった

ケナガネズミ。普段は樹上を移動するが、林道で森が分断された場所などで地上に降りることがある=常田守さん撮影

車にひかれて死んだケナガネズミ=同センター提供

曲がりくねった峠道を、1台の車が勢いよく下っていった。10月末、奄美大島中部の三太郎峠。その速度を測ろうと、常田守さんは車で後を追ったが、すぐに諦めた。「速すぎて怖い。(生き物を) ひいちゃう」。そう言った直後にブレーキを踏み、指をさした先の路上で、鹿児島県の天然記念物アマミハナサキガエルが死にかけていた。車にひかれたとみられる傷があり、数分後に動かなくなった。

この峠道は世界自然遺産候補地の森に近く、夜の生き物を観察するナイトツアーの名所。以前は一部の自然愛好家やガイドが訪れる程度だったが、遺産登録への動きが進むにつれて知名度が上がり、特に有名なアマミノクロウサギを目当てに訪れる人が増えている。

そこで懸念されるのが、車にひかれて生き物が死ぬ「ロードキル」だ。環境省によると、同島と徳之島で2000

道路脇で葉を食べるアマミノクロウサギ

車にひかれてケガをしたアマミノクロウサギ。ケガをした希少動物や死体を見つけたら環境省奄美野生生物保護センター(0997・55・8620)へ=同センター提供

エサを探し、峠道を横切るアマミヤマシギ

車にひかれたアマミヤマシギ=同センター提供

設置された減速帯とその標識（手前）

〜2020年に輪禍で死んだクロウサギは計362匹で、把握できた死因の第1位。被害は増加傾向にあり、20年は過去最多の66匹。あまり知られていないが、ケナガネズミやアマミヤマシギといった希少種に加え、カエルやヘビなども被害に遭っている。

対策として同省は毎秋、事故防止キャンペーンを続ける。フンや食事をするために路上に出るクロウサギの生態や、事故の多発路線などをチラシや講演で紹介。奄美大島5市町村でつくる協議会は2015年、多発路線に減速帯を設けた。長さ2.5m、幅35㎝、厚さ5㎝のゴム製で、その上を通過する時の振動で注意を促す仕組み。いずれも希少種生息域での「ゆっくり走行」を呼びかけている。

「速度を落とせばロードキルが防げると同時に、色んな動物を発見しやすくなる。楽しみが広がるよ」

そう語る常田さんは峠道や林道で安全運転に気を配り、路上の生き物を避けながら進む。時速は10㎞以下。車窓から奄美ならではの生き物を次々と見つけ出す。島の固有種アマミイシカワガエル、国天然記念物のルリカケスやオオトラツグミ、フクロウの仲間リュウキュウコノハズク、県の天然記念物オットンガエル――。「クロウサギしか見ないのはもったいない」。経験を積めば、次第に生き物に気付けるようになるという。

県が設けた遺産候補地の保全や活用法を考える検討会は、希少種が多い道での通行規制やガイドの同行義務付けなどの案を打ち出している。常田さんはさらに、生活道路ではない尾根道などで舗装の一部をはがしてみてはどうか、と提案する。でこぼこ道になればスピードは出せなくなり、在来種の生息環境も向上。「自然を大切にする島、と世界にアピールできる」と強調する。

（2016年11月13日付）

追記：環境省と県、奄美市は20年11月、市道三太郎線を午後6時〜同11時に一方通行とし、通行できる車両を1日20台までの予約制にする実験を実施。合わせて、車の走行は晴天時は時速15㎞以下、雨天時は10㎞以下▽前の車を無理に追い越さない▽静かに観察する、などの観察ルールの順守も求めた。実験は21年4〜5月の大型連休にも行い、結果を観察用の利用ルールづくりに反映させるという。

三太郎峠にいた㊧ルリカケス㊥オオトラツグミ㊨リュウキュウコノハズク

7　希少ネズミに新天敵

カンヒザクラの花をほおばるケナガネズミ

奄美大島の夜の樹上で、動く物影。望遠レンズで確認すると、国の天然記念物ケナガネズミが木の実を取ろうと前脚を伸ばしていた。「実をかじる姿はリスのよう。ネズミは嫌いという観光客でも、見れば『かわいい！』と喜んでくれるよ」。森のガイドも務める常田守さんが目を細めた。

体長25～30㎝、尾の長さ約30㎝の日本産最大のネズミで、奄美大島と徳之島、沖縄本島だけに生息する。背中に生える長い毛が名前の由来とされ、尾の一部が白いのが特徴。繁殖期とみられる秋から冬に、オスがメスを追いかける姿が見られる。オスがあきらめかけると近づいて気を引き、また逃げる。そんな恋の駆け引きをするメスもいるという。

跳ねるアマミトゲネズミ＝常田守さん撮影

トクノシマトゲネズミ＝池村茂さん撮影

この３島にいるもう一つの国天然記念物のネズミが、トゲネズミ。以前は一つの種とされていたが、研究が進み、島ごとに別種で固有の「アマミトゲネズミ」「トクノシマトゲネズミ」「オキナワトゲネズミ」に分類された。いずれもトゲ状の毛が生えているのが特徴で、好物はシイの実（ドングリ）。ピョンピョンと跳ねるように動き、天敵のハブから逃げる際などには数十㎝の大ジャンプも披露する。体長は15㎝前後だが、アマミは少し小さめという。

アマミとトクノシマは「謎のネズミ」とも呼ばれる。ほとんどの哺乳類でオスになるのを決定づける「Y染色体」を持たないのに、オスとメスがちゃんと存在するためだ。動物の性別決定の謎を解く鍵になるかもしれないとして、注目する研究者もいる。

㊤ネコに襲われて死んだとみられるケナガネズミの幼獣㊦死んだ幼獣のそばの林にいたケナガネズミのメス。首や胸にかまれた跡があり、親子でネコに襲われた可能性がある

ケナガネズミをくわえる奄美大島のネコ＝環境省提供

ネコに襲われたとみられるトクノシマトゲネズミ＝環境省提供

ケナガネズミと3種のトゲネズミは、種の保存法に基づく国内希少野生動植物種で、環境省レッドリストの絶滅危惧種でもある。生息数の減少要因として近年、課題となっているのがノネコ（野生化した猫）による被害だ。

「また、やられた」。16年10月初め、常田さんは奄美市住用町の路上で死んだアマミトゲネズミを見つけた。環境省奄美野生生物保護センター（大和村）によると、首のかみ跡からノネコに襲われた可能性が高いという。センターが把握するだけで、この年、奄美大島でノネコによって死んだとみられるケナガネズミは2匹、アマミトゲネズミは13匹（いずれも10月時点）。アマミノクロウサギも毎年のように被害に遭っている。

フンからノネコの食性を調べた奄美野生動物研究所（龍郷町）の塩野﨑和美研究員によると、奄美大島のノネコは、ケナガネズミやアマミトゲネズミ、アマミノクロウサギという希少哺乳類を好んで食べる傾向がみられた。島には本来、敵となる肉食哺乳類がいないため、これらの希少種は「ノネコから逃げる術を持たず、捕りやすいからではないか」とみる。

島ではハブ駆除用に放たれたマングースに襲われ、希少動物が激減。マングース駆除を進めた成果でようやく、回復傾向になった。それが今度は、ノネコに襲われる事態に陥っている。常田さんは言う。

「マングースも猫も島に放したのは人間。ならば、人が責任を持って対応しないと」

（2016年10月23日付）

8　希少種襲うノネコ　放され野生化

アマミノクロウサギをくわえるネコ＝環境省提供

ネコに襲われた徳之島のケナガネズミ＝環境省提供

アマミトゲネズミを食べていた子ネコ。足で押さえつけているのがトゲネズミ＝山室一樹さん撮影

奄美大島と徳之島で、ノネコがアマミノクロウサギなどの希少種を襲う被害が相次いでいる。貴重な生態系が壊れ、世界遺産登録に向けた課題にもなった。ネコを捨てたり放し飼いにしたり、人間の無責任な行動による被害は全国各地で起きており、どこも対応に困っている。

深夜、奄美大島中部の林道脇の草むらで、ライトに照らされた黒ネコの目がきらりと光った。ネコは人の気配に気づくと、森の中に消えていった。その前後にはクロウサギが12匹現れた。うち1匹は脚をけがして引きずるように歩いていた。

黒ネコは人が放したものか、その子孫とみられる。環境省の推計では、奄美大島全体でノネコは600～1200匹、徳之島は150～200匹いるとみられる。2008年、クロウサギをくわえたネコが初めて撮影された。

同省が把握するだけで、11～20年に両島でノネコ（犬の可能性も含む）によって死んだとみられるケナガネズミは計40匹、トゲネズミは61匹。クロウサギの被害は00～20年で計139匹にのぼる。

オーストンオオアカゲラをくわえるネコ＝環境省提供

奄美大島ではかつて、ハブなどを駆除するためにマングースが放たれ、希少動物が激減。20億円以上かけてわなをしかけてマングースを捕殺した。クロウサギの目撃地域は03年ごろ以降、徐々に広がってきた。それが今度はネコの脅威にさらされている。ネコが襲う現場を目にしてきた常田守さんは「島から固有種の姿が消えることはすなわち絶滅を意味する。早く手を打たないといけない」と話す。

■各地で被害、譲渡も

ヤンバルクイナ

ネコによる被害は両島だけではない。沖縄ではヤンバルクイナが襲われている。東京・伊豆諸島の御蔵島で繁殖する海鳥オオミズナギドリが被害に遭い、70年代は推定で最大350万羽いたのが、16年には約10万羽に減った。

山階鳥類研究所の岡奈理子研究員は「鳥が消え、フンを栄養にする木々も枯れる。エサがなくなりネコも餓死する。そんな悲劇がいずれ起きる」。

御蔵島や同じく海鳥の繁殖地の北海道・天売島では、野外のネコに、不妊や去勢手術をして再び放して徐々に減らそうとした。だが、数が減らず、捕獲もすることになった。

固有種アカガシラカラスバトなどが激減した、世界自然遺産の東京都・小笠原諸島では05年、都獣医師会などが捕獲したネコを人になれさせて飼い主を探す事業を始めた。700匹近くを譲渡し、父島では一時ノネコが20匹程度に減った。都獣医師会の高橋恒彦獣医師は「ネコを引き取ってくれる大きな受け皿があってできる事業。どこでも出来るわけではない」と話す。

徳之島では14年から環境省などが、ノネコ約130匹を捕まえて飼いならし、約50匹を新しい飼い主らに引き

徳之島で捕獲したネコを収容する施設

徳之島で捕獲されたネコ

渡した（17年3月時点）。

18年度から奄美大島でも捕獲に乗り出すが、数が桁違いに多い。海外では生態系を守るため、野外のネコを捕殺する場合もある。ＮＰＯ「どうぶつたちの病院沖縄」の長嶺隆理事長は「これ以上放置すれば希少種は絶滅する。飼い主のいないネコを救う努力は続けつつも、飼い主が見つからなければ、殺処分も検討せざるを得ない差し迫った状況だ」と話す。

■ノネコ

エサなどを人に依存せず、野生化したネコ。世界の侵略的外来種ワースト100、日本の侵略的外来種ワースト100の両方に入っている。野良ネコは特定の飼い主はいないが餌付けなど半野生状態で暮らすものをいう。

（2017年3月18日付）

■奄美でも捕獲開始

奄美ノネコセンターの飼育室。室内は空調付き

環境省は18年7月から、奄美大島でノネコの捕獲を始めた。山中に設置した自動撮影カメラの写真などを参考に、希少種やノネコが多い地域を選定。16㎢の範囲に約100基のワナを仕掛け、環境省が委託した作業員がワナを確認する。希少種の回復状況も調査する。捕獲したノネコは、島内5市町村で作る「奄美大島ねこ対策協議会」が管理する奄美ノネコセンター(奄美市)に収容。責任を持って飼育できると認定された個人や団体に譲る。

捕獲は環境省と県、5市町村が3月に策定した管理計画に基づく。21年2月の環境省の説明によると、捕獲エリアの面積は徐々に増え、20年度は島南西部の約100㎢に設置した450基のワナに8人の作業員で対応。捕獲数は18年度43匹、19年度125匹、20年度27匹の計195匹だった。引き取り手がなければ安楽死させる計画だが、収容中に死んだ2匹以外は全て島内外の希望者に譲渡されたという。

捕獲エリアは段階的に広げ、23年度には島全域の森周辺に拡大する方針。ノネコの発生源対策も強化し、島全体での生息密度減少を目指す。発生源対策については県や5市町村と連携。捕獲計画の最終年度と予定する27年度までに、飼い猫への「マイクロチップ装着」と、室外で飼う猫と野良猫の「不妊去勢手術」の両方について90～100%の達成率を目標に実施する。飼い猫の室内飼育の徹底も促すという。

捕獲に関する専門家の検討会座長の石井信夫・東京女子大名誉教授は、自動撮影カメラに映ったノネコの数が減少傾向にある点を踏まえ、「捕獲エリアで成果を上げている」としている。

(2018年7月18日～21年2月5日付から抜粋)

■徳之島では犬の被害も

犬に襲われたとみられるアマミノクロウサギ=池村茂さん撮影

徳之島で2019年9月、アマミノクロウサギ計8匹の死骸が相次いで見つかった。環境省によると、26、28両日、同じ農道周辺の数百mの範囲内で4匹ずつ見つかった。8匹のうち7匹は傷の特徴から犬にかまれたことが原因とみられるという。同省は「過去に例がない被害」として監視カメラやワナの設置などの対策を進めているほか、住民らに放送を通じて犬の放し飼いをしないよう求めた。

(2019年9月30日付)

【コラム：順応】

「はい、樹上にルリカケス」

「右前にアマミハナサキガエル。踏んじゃだめよ」

街灯のない夜の林道で、常田守さんはライトを頼りに次々と希少種を見つけだす。撮影チャンスだが、どこにいるのか、すぐには分からない。

「いた！」と思い、ファインダーをのぞくと、また見失う。闇の中ではピントも合わない。フィルムカメラ時代から数々の生き物を撮影してきた常田さんの腕と目は、ほとんど神業だ。

「何でそんなに気づけるの？」

そう問うと、経験と様々な情報を元にしているという。何がエサで、季節ごとにどんな行動をするか。目撃情報もあわせ、「この辺に現れるな」と予測できるらしい。40年以上の経験がなせる技。「そりゃ、無理だ」とあきらめかけると、「慣れもあるよ」と励まされた。

その通りだった。人の目は不思議だ。いったん見え始めると、クロウサギなどの発見が早くなった。草丈数cmの花も同じ。「ほら、そこ」と指し示してもらっても、最初はどこにあるのか気づけなかったが、撮影を重ねると、1人でも探せる花が増えた。姿形や色が脳にインプットされるのだろうか。やがて、島に観光に来た知人に、案内の真似事ができるぐらいになった。もちろん、全て常田さんの受け売りだけれど。

相性もある気がする。家族で撮影に行くと、ルリカケスに最初に気づくのは長男で、リュウキュウコノハズクは妻、クロウサギは長女という具合だった。私より後に奄美に着任した他紙の記者には、アマミトゲネズミの撮影で先を越された。当時は目撃するのも難しいとされたのに、「たまたま岩の上にいたから、パシッとね」。歯ぎしりした。ちなみに、希少動物の治療に尽力する島在住の伊藤圭子・獣医師と私がいると、ウミガメが上陸しない、というジンクスもある。「あなたのせいだぞ」と責任を押しつけ合っている。

島暮らしが続くと、生き物の声やにおいにも敏感になる。アカショウビンの美声には近づく梅雨を、サシバの甲高い声には秋を、スダジイの花の香りには春を感じる。良いことばかりとはいかず、寒さに弱くなった。着任した4月、ダウンジャケットを着こんだ島の記者に「そんなに寒いの？」と聞いたが、2年目から似た服装になった。

5年の奄美暮らしを経て、福岡市に住むようになった長男がぽつりといった。「鼻くそが黒くなった」。奄美時代は白かったが、鼻毛も長くなったという。排気ガスが多い都会に体が順応したのだろう。少し寂しいが、都会にも野鳥がいると気づいたともいう。

世界遺産の意義について、こんな説明を聞いた。「遺産級の自然を体感すると、自分が住む町の自然にも気づけるようになる」と。空気もおいしい奄美で暮らした意味はきっとあった、と思う。

1　冬の森にユニーク植物

コゴメキノエラン＝常田守さん撮影

米粒に鳥の脚、ラッパ、大名行列——。冬の奄美大島では、そんな姿に例えられるユニークな植物が楽しめる。「亜熱帯の島だから、一年中、面白い草花が見られる。撮影をさぼる暇がないよ」。常田守さんは苦笑いする。

元日も早朝から深い森に入り、こけむした木の幹を1本ずつ確かめた。「今年も会えた！」。約1時間後に見つけたのが、種の保存法で「国内希少野生動植物種」に指定されているコゴメキノエラン（小米樹上蘭）。湿気の多い雲霧林に生える着生ランで、幹から垂れ下がった数十の薄黄色の花が神々しい。植物写真家山下弘さんによると、名前（和名）は米粒ほどの小さな花が樹上で咲くことにちなむ。森林伐採や盗掘で激減し、環境省レッドリストの「絶滅危惧ⅠA類」。採取禁止だが、盗掘は続いているという。

チケイラン

少し下ると、樹幹にチケイラン（竹蕙蘭）が咲いていた。これも着生ランで、黄緑色の花が小ガニを思わせる不思議な形をしている。和名は、バルブと呼ばれる偽球茎を「竹のふし」に、葉の様子を東洋ランの一種「蕙蘭」に見立てたとされる。

アマミテンナンショウ。奄美大島と徳之島の固有種

林床では、奄美大島と徳之島の固有種アマミテンナンショウが咲き始めた。サトイモ科の多年草で高さ20～50㎝センチ。「仏炎苞（ぶつえんほう）」と呼ばれる筒状の緑の花と鳥の脚のような葉が特徴で、今にも飛び立ちそうな鳥を連想させる。和名は、仲間の植物の中国名「天南星」からきており、中国では薬用植物として利用されているという。絶滅危惧ⅠB類で、Ⅱ類のチケイランとともに、やはり盗掘の対象だ。

㊧ヤッコソウの蜜を吸うメジロ＝常田守さん撮影 ㊨リュウキュウウマノスズクサ

スダジイの根の周囲にはヤッコソウの姿が。四国や鹿児島、宮崎以南に分布する高さ5㎝の前後の寄生植物。腕のように左右に広がった部分が葉で、その内側にたまった甘い蜜を求めてメジロや昆虫が集まる。大名行列の「やっこ」のような姿が愛らしい。

冬の森に彩りを与えるのが準絶滅危惧種のトクサラン。茎の高さは約25㎝で、10数個の愛らしい黄色の花をつける。ヘツカリンドウも白や紫などの花が美しい。名前は最初の発見地、大隅半島の辺塚(へつか)地区にちなむという。

3月ごろまで楽しめるのはリュウキュウウマノスズクサ。林縁に生えるツル性植物で、奄美大島以南の琉球列島の固有種とされる。ラッパやサックスに似た独特の形の花が面白い。果実が馬につける鈴に似ているのが名前の由来とされる。

そして冬の一番人気ともいえる花が、ヤクシマツチトリモチ。イジュなどの根元に生える寄生植物で、島最高峰の湯湾岳（694ｍ）の山頂付近を中心に自生する。赤い小さな花が集まり、イチゴに似た直径2～4㎝の花穂(かすい)をつくる。愛敬たっぷりだが、物珍しさから持ち帰ってしまう人もいる。以前は奄美大島の固有種とされ、自生地にちなんでユワンツチトリモチと呼ばれてきたが、近年、屋久島に生える種と同じだと分かった。

これらの盗掘に拍車をかけたのが、20年ほど前に山頂近くまで整備された階段状の「木道」だ。気軽に登る人が増えるとともに木道沿いの株が減り、周辺に自生する絶滅危惧種のカンアオイの仲間も姿を消していった。木道に覆われた地面には光が届かず、植物がほとんど生えなくなった。

ヤクシマツチトリモチ

世界自然遺産登録を目指す島では近年、観光客の受け入れ態勢の充実が叫ばれているが、常田さんは不安を感じている。客が歩きやすいように自然に手を加えたり、山に新たな車道を造ったり。利便性重視で、環境破壊が進まないか、と。「奄美の自然は、観光の大事な商品。ならば本物を守ることこそが、おもてなしの原点」。常田さんはそう考える。

（2017年1月15日付）

2　カエルの合唱　豊かさの証

アマミイシカワガエル

繁殖用の巣穴で鳴き、メスを呼び寄せるオットンガエル＝常田守さん撮影

「キョーッ」。春の夜、奄美大島の森に美声が響く。「鳥みたいだけど、違うんだよ」。常田守さんの案内で下りた沢で鳴いていたのは、アマミイシカワガエル。メスを誘ったり、縄張りを主張したりするため、鳴嚢（めいのう）というのど袋を膨らませて甲高い音を出す。

年間降雨量2800㎜以上。水の豊かな奄美大島は国内約40種のうち9種が生息する「カエルの宝庫」で、うち8種は琉球列島の固有種。なかでもアマミイシカワガエルは世界で奄美大島だけにすむ絶滅危惧種。以前は沖縄本島にいるイシカワガエルと同種とされたが、外形やDNAの分析の結果、2011年に新種認定された。鮮やかな緑に金のしずくを落としたような体色が沖縄産より美しく、ラテン語で「輝くきれいなカエル」という意味の学名がつけられている。

個性ではオットンガエルも負けていない。体長は約14㎝もあり、方言名はオットンビッキャ。「オットン」は大きい、「ビッキャ」はカエルの意だ。

カエルの前脚の指は4本が普通だが、5本目を持ち、その中に鋭いトゲを隠し持つ。繁殖用の巣穴を作る生態も面白い。オスは水辺に直径約30㎝の円形プールを作り、「ゴフォ」と鳴いてメスを呼ぶ。その声は、奄美の妖怪ケンムンに間違えられたこともあるという。生息地は奄美大島と加計呂麻島で、アマミイシカワガエルとともに種の保存法に基づく国内希少野生動植物種に指定されている。

この2種とともに鹿児島県の天然記念物になっているのが、アマミハナサキガエル。奄美大島と徳之島の固有種で、背筋をピンと伸ばした姿と、長い後ろ脚を生かしたジャンプ力の高さで知られる。緑や茶、その両方が混ざったものなど体色や模様が多様で、個体ごとの違いが楽しめる。

背筋を伸ばしたアマミハナサキガエル

島の平均気温は20℃超。冬でも10℃を下回ることがあまりないため、カエルたちは冬眠をせず、冬場に繁

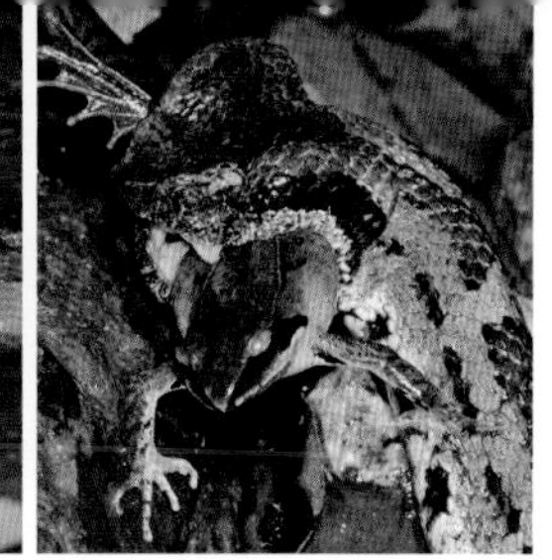

㊧ヒメハブのそばで静止するアマミアカガエル㊨１匹は捕まった

泡の中に産卵するアマミアオガエル＝常田守さん撮影

透明なヒメアマガエルのオタマジャクシ＝常田守さん撮影

殖する種も。その代表がアマミアカガエルで、水たまりや湿地などにゼリー状の卵を産む。アマミアオガエルの繁殖期も12～5月。水際の草や岩に白いメレンゲ状の卵塊を作り、その中で孵化したオタマジャクシは水に落ちる。

春から観察しやすくなるのはヒメアマガエル。2～3㎝の体長は日本最小で、透明なオタマジャクシと泳ぎ下手な姿が愛らしい。木登りが上手なハロウェルアマガエルが、透明な鳴嚢を膨らませて鳴く姿も初冬までみられる。

奄美の食物連鎖で重要な役割を担うのが、琉球列島に分布するリュウキュウカジカガエル。体長3㎝前後と小さいが、数が多く、鳥からヘビまで多くの生き物がエサにする。キュルルルルという声とオスの鮮やかな黄色の体が美しい。

行動範囲が狭くて環境悪化に弱いカエルたちは「自然のバロメーター」とも言われるが、常田さんには心配がある。本土にもいるヌマガエルが以前より減ったと感じるからだ。相次ぐ開発で、水辺の環境が失われてきた影響と考えている。

ハロウェルアマガエル＝常田守さん撮影

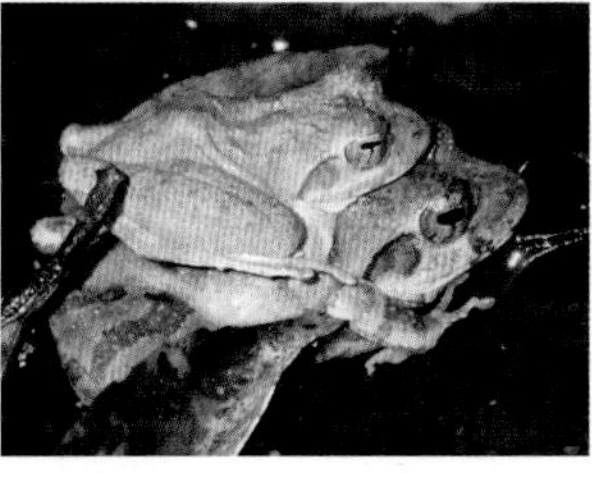

リュウキュウカジカガエルの抱接。オスはメスの上に乗り、産卵と同時に精液をかける

山からふもとの集落まで。闇夜に響くカエルの合唱は「奄美の自然の豊かさの証拠。失っていいものかどうか、耳を澄ましながら考えてほしい」。常田さんはそう願っている。

（2017年4月9日付）

3　カエル密猟　必要な監視の目

捕獲道具や図鑑などの押収品＝ 2019 年 4 月、警視庁万世橋署

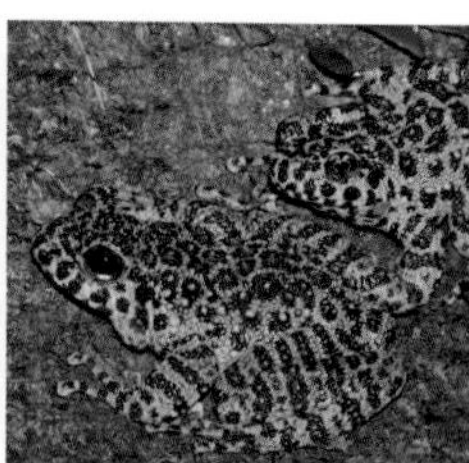

㊧オットンガエル㊨アマミイシカワガエル

2019 年春、奄美大島に生息する希少カエルを捕獲した疑いで 2 人が逮捕され、島の貴重な生き物が狙われる実態が改めて浮き彫りになった。

鹿児島県警や警視庁によると、東京都のペットショップ店長とカエル関連の著書があるフリーライターの 2 人が種の保存法違反などの容疑で逮捕された。18 年 7 月、島内でアマミイシカワガエルとオットンガエルの各 2 匹を捕獲するなどした疑いだった。両種は同法で捕獲が禁じられる国内希少野生動植物種。金の斑点があるアマミイシカワガエルは「日本一美しいカエル」とも呼ばれ、人気が高い。同月、奄美空港の職員が 2 人のキャリーバッグに大量のカエルやヘビが入っていることに気付いた。バッグには奄美大島に生息する 19 種 70 匹が入っており、うちアマミイシカワガエルなど 5 種 28 匹が同法などで捕獲や持ち出しが禁じられている動物だったという。

「密猟は許せないが、逮捕は警告になる」。ランや昆虫など希少種が盗採された現場を長年見てきた常田守さんはいう。島内 5 市町村で作る奄美大島自然保護協議会などによるパトロールは続けられてきたが、広い山中では限界があるためだ。「密猟されるのは価値が高いから。奄美の生き物は世界の宝だと多くの島民に気づいてもらい、みんなで守れるようにしたい」とも話す。島内では 18 年秋、自生地がわずかしかなく「希少種中の希少種」と言われる島の固有種アマミアワゴケなど希少植物の盗採疑い事案も相次いでいた。

こうした状況を受けて 19 年 3 月、密猟や違法持ち出しの防止に向けた連絡会議が設立された。事務局の環境省沖縄奄美自然環境事務所（那覇市）によると、県警や第 10 管区海上保安本

設置した監視カメラを点検する自然保護関係者＝ 2020 年 4 月、奄美大島自然保護協議会提供

部、奄美空港の管理会社など14機関で構成し、情報共有や連携強化を図る。

一方、5市町村は20年、奄美大島と加計呂麻島、請島の森に、監視のための自動撮影カメラ30台を設置した。

カメラの近くを通行する人や車両を感知すると自動的に撮影し、日時も記録する。担当者が定期的に見回ってデータを回収し、分析した情報は保護に関わる関係機関と共有。警告のために「監視カメラ設置中」と記した看板もたてた。19年度の県の地域振興推進事業で、事業費計190万円超。同協議会は「これまで以上に監視を強め、関係機関と連携しながら保護に取り組む」とする。

また環境省は20年11月、ヤモリの仲間オビトカゲモドキなど6種とイボイモリをあわせた計7種を、絶滅のおそれがある野生動植物の取引を定めたワシントン条約の「付属書3」に掲載するように条約事務局に要請した、と発表。奄美大島や徳之島、沖縄などにだけ生息する貴重な爬虫類と両生類だが、違法な捕獲や輸出が後を絶たず、国際取引の規制を強化する狙いという。7種は絶滅危惧種で、国内法により捕獲や日本からの輸出はできなくなっているが、いったん国外に出ると野放し状態。同条約の付属書3に掲載されると、海外での商業目的の取引の際に、輸出する国の政府が発行する許可証が必要となり、管理がより厳しくなる。トカゲモドキの仲間は国内外で愛好家が多く、1匹数万円の値段がつくこともあるという。

18年5月に奄美大島などの遺産登録「延期」を勧告したユネスコ諮問機関は、密猟問題に懸念を示していた。

(2019年4月8日～20年11月30日付から抜粋)

徳之島の固有種オビトカゲモドキ

生きた化石とよばれるイボイモリ

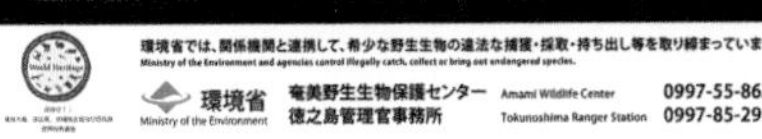

希少種の捕獲や採集の禁止を伝えるポスター＝環境省提供

4　松枯れ　森の復帰運動

松くい虫による被害で赤茶けた加計呂麻島の森＝2008年11月、朝日新聞社機から

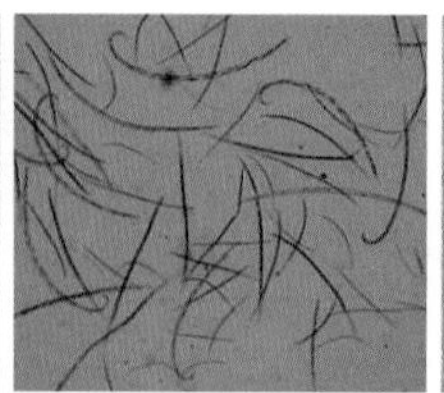

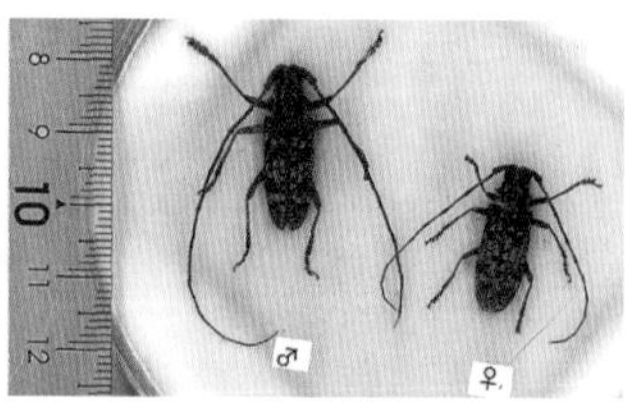

㊧マツノザイセンチュウ㊨マツノマダラカミキリ＝鹿児島県提供

「森がどんどん赤く染まり、マツが枯れる……」。奄美大島の南に浮かぶ加計呂麻島の観光ガイド寺本薫子さんは以前、松くい虫の食害が広がった地元の森の様子に心を痛めていた。ところが、常田守さんに相談すると、意外な答えが返ってきた。

「本来の森に戻るだけだから、何もしないで」

松くい虫の正体は、北米由来とされるマツノザイセンチュウ（線虫）。マツの皮を食べるマツノマダラカミキリの体に入って移動し、カミキリのかみ傷からマツに侵入。幹の内部で増殖し、枯死させてしまう。

鹿児島県によると、加計呂麻島で発生したのは1990年ごろ。災害復旧などの資材から侵入した可能性がある。対岸の奄美大島にも飛び火し、森の2割を占めるリュウキュウマツへの被害は南から北へ拡大。2015年度の大島の被害量は5万563㎥で、約7万2000本分に当たるという。一方、加計呂麻島はピーク（09年度）の4万2702㎥から15年度は14㎥に減り、終息に向かう。

松枯れの中心は奄美大島の北部へ。

枯れたリュウキュウマツ。松枯れは奄美大島北部まで広がった＝龍郷町

絶えない懸念の声は「マツの森が島の自然の姿だという誤解に基づく」と常田さん。島本来の森はスダジイを中心とした常緑広葉樹林。リュウキュウマツはそれが伐採されて広がったもので、松枯れは「シイの森に戻る遷移を早める、いわば『森の復帰運動』。薬

の散布などでマツを守ろうとしてはいけない」と考えるからだ。

環境省によると、リュウキュウマツは在来種だが、本来は海岸などに生える。日当たりの良い場所を好む「陽樹」の仲間で、森が伐採されると、ススキや低木に続いて生える。その下で育つのがシイやカシなどの日陰に強い「陰樹」で、やがて陽樹を覆い、陰樹の森になる。それが遷移で、同省も「長期的にみれば、松枯れは遷移を早めているだけ」と同意する。

本来の森の姿についても、大島北部

宇宿貝塚から出土した、炭化したシイの実。縄文時代からシイの森が広がっていたことを示す

枯れたリュウキュウマツに巣を作ったオーストンオオアカゲラ。枯れ木を自然に戻す役割を担う＝常田守さん撮影

にある国指定史跡「宇宿貝塚」の約3000年前の住居跡から炭化したシイの実が大量出土しており、「当時から常緑広葉樹の森が広がっていた」（奄美市立奄美博物館）とされる。

鹿児島県の対策の中心は、枯れたマツを伐採してビニールで包み、薬剤で燻蒸する「伐倒駆除」だが、「予算の都合もあり、遷移に任せる部分も多い」（県大島支庁）。薬剤の空中散布は、島の貴重な生態系への影響があるとして行われていないという。予算の都合だが、常田さんの思いと同様に松枯れの多くが放置された結果、加計呂麻島で

枯れたリュウキュウマツが消え、緑が戻った加計呂麻島の森＝2016年10月、常田守さん撮影

「朝仁の千年松」と呼ばれ、奄美市民に親しまれたリュウキュウマツ。松枯れで2018年に伐採された。こうした名木の保護は必要という

は枯れて倒れたマツに代わり、スダジイの森が回復してきた。「放置でよかった。心配な人は加計呂麻島を見て」と寺本さん。ただ常田さんは、人家や道路の近くで倒れそうな木や名木への対策は必要だとし、放置が有効なのは「奄美の場合で、地域によって対応は異なる」とする。

島では戦後、食糧難のために山の上まで段々畑が切り開かれ、80年代を中心に皆伐も進んだ。松枯れの森はそうした開発の証拠だ。常田さんは「食べるために畑にしたことは悪くない」としつつ、「今後しっかり守れば、100年後、500年後に素晴らしい森が残せる」と訴える。そのために人ができることは「何もしないこと」だという。

（2016年12月26日付）

5　金作原　原生林は誤解

金作原国有林の入り口。以前は目の前まで一般車が乗り付けていた＝2017年3月

巨大なシダ植物ヒカゲヘゴが生い茂る原生林――。奄美大島を代表する観光地の金作原は、ガイド本などで「手つかずの自然の宝庫」と紹介され、現地の案内板にも長く、「VIRGIN FOREST」の文字が躍っていた。だが、そこには誤解がある。

一つは原生林について。

「これが現状だよ」。2月、金作原の森の奥に入った常田守さんが指をさした先に、天に向かってまっすぐに伸びる杉林が広がっていた。林野庁の名瀬森林事務所によると、1954年から建築資材用に植えられ、計約460haの森のうち50haを占める。「人の手が入っているので、原生林と呼ぶのは間

金作原に広がる杉林。奄美本来の森にはないが、建築資材用に植えられた

違い。正式名は金作原国有林」と同事務所。環境省も「奄美大島に原生林と呼べる森はほぼない」とする。

島では戦後、食糧難のために山の上まで段々畑が切り開かれ、80年代を中心にチップ材用などの皆伐も行われたためだ。

ヒカゲヘゴにも誤解がある。日陰を

渓流沿いに生い茂るヒカゲヘゴ。本来はこうした日当たりの良い場所に生える

好むからではなく、「日陰を作る」のが名前の由来とされ、谷や沢沿いの日当たりの良い場所に生える。在来種だが、スダジイを中心とする奄美の常緑広葉樹の森では本来、見られない。金作原で観光客に紹介されているのは、50年前の林道整備で森に隙間ができ、日当たりが良くなって育ったもの。「いわば開発の象徴。森の傷口を癒やすカサブタの役割を果たしているが、原生林の象徴ではない」と常田さん。森が育って暗くなれば、いずれは枯れてしまうという。

しかし、金作原が自然林の多い魅力あふれる森であることに誤解はない。

ルリカケスにオーストンオオアカゲラ、アカヒゲ、オオトラツグミ、カラ

オキナワウラジロガシの名木

周辺でエサを探すオオトラツグミ＝常田守さん撮影

絶滅危惧種カクチョウラン。周辺を走る車になぎ倒されたこともある

スバト。島に生息する国天然記念物の野鳥の鳴き声や姿が一年中、楽しめる。

季節ごとに希少植物が咲き誇り、春には島の固有種アマミイシカワガエルの美声が沢に響く。傘になりそうな大きな葉が特徴のクワズイモ、木に着生するシダ植物シマオオタニワタリ、板を縦に突き刺したような板根を持つオキナワウラジロガシの巨木もある。

もちろん、空を覆うように葉を広げるヒカゲヘゴも迫力満点。「良い森だからこそ、過去に人の手が入った事実をきちんと認識してほしい。今後、しっかりと守るために」と常田さん。そ

上空を覆うヒカゲヘゴ。幻想的な雰囲気で人気が高い

う指摘をするのは懸念があるからだ。

金作原の入り口の目の前は市道で、観光バスや一般車が行き来してきた。

だが、車がすれ違う際に両脇の植物を踏みつぶしたり、ぬかるみで車が動けなくなったりすることも。そこは、「幻の鳥」とも呼ばれたオオトラツグミがエサを取る姿が楽しめる貴重な道でもある。金作原は奄美群島国立公園の指定地域で、世界自然遺産の推薦地。今後、人気が集中して自然が壊される恐れが高まっている。入林者数や車両通行の規制が検討されているが、バスの進入を続ける案もあった。

入り口までの市道は原則車の進入を禁じ、体が不自由な人を乗せた車などを特別に許可すればいい。常田さんはそう考える。途中の市道沿いにも魅力的な自然があり、車が減れば保護も進むためだ。守り続ければ、「将来は原生林に近い、世界に誇れる立派な森に戻る」という。

(2017年3月19日付)

追記：金作原の利用については19年2月から、認定ガイドの同行を入林の条件とし、利用者数も制限するルールが試行的に始まった。期限は定めておらず、運用を続けながら課題を探り、ルール強化も検討していく。

6　島の成り立ち語るカンアオイ

絶滅危惧ⅠA類のトリガミネカンアオイ。自生地がごく一部に限られ、奄美大島のカンアオイで最も数が少ないとされる

奄美大島の成り立ちを語る特別な希少種——。島在住で自然に詳しい東大医科学研究所の服部正策・特任研究員がそう評価する植物がある。冬から春にかけ、地表近くで筒状の花を咲かせるカンアオイの仲間だ。なぜ特別なのか。島に自生する計８種の生息地を歩きながら探った。

「今年も会えた！」。２月、森を案内してくれた服部さんが笑顔で指をさした木の根元で、トリガミネカンアオイが咲いていた。美しい緑の花は直径15㎜弱と小型。筒は入り口が狭いトックリ型で「この中にできた種を運ぶのは地をはうアリ。鳥や風、海流によって種が広がる植物と違い、海を越えられない」という。

島は数百万年前までユーラシア大陸の一部で、地殻変動などで近くの島々との分離や結合を繰り返して今の姿になったとされる。海を渡れないカンアオイの存在は、かつて奄美が大陸とつながっていたことを物語る、という。

別の森では、グスクカンアオイが咲いていた。花はトリガミネと同じトックリ型だが一回り大きく、両種は雄しべと雌しべの数の違いで区別できる。

ⅠA類のグスクカンアオイ。カンアオイの花びらに見える部分は萼で、花弁は退化している

絶滅危惧Ⅱ類のフジノカンアオイ

ⅠA類のアサトカンアオイ

沢沿いには、フジノカンアオイが多くの花をつけていた。葉の長さが20㎝を超える株もある大型種。島の広範囲で観察ができ、緑や黄色、赤紫など花の色の多彩さで人気が高い。

３月出会えたのが、アサトカンアオ

絶滅危惧ⅠB類のナゼカンアオイ

ⅠB類のミヤビカンアオイ。濃い緑の葉が特徴

ⅠB類のカケロマカンアオイ。加計呂麻島や請島にも分布する

イとナゼカンアオイ。ともに以前は、濃い緑の葉が特徴のミヤビカンアオイと同種とされていたが、2012年に別種と発表された。花の大きさや形状に違いがあるとされるが、ミヤビの「変異の範囲内」との見方もあるという。

これら6種は奄美大島だけの固有種だが、カケロマカンアオイは同島の南に浮かぶ加計呂麻島と請島にも自生する。近年の研究では、分布域ではない徳之島の種に近いと分かった。奄美大島と徳之島の両島でみられるオオバカンアオイとともに、はるか昔の島々のつながりを想起させる。

そんな壮大な地史と関係した研究成

ⅠB類のオオバカンアオイ。徳之島にも自生する

果を17年、京都大学の瀬戸口浩彰教授（植物進化学）の研究グループが発表した。両島のカンアオイは「現在進行中の急速な進化を続けている」との内容だ。徳之島だけの固有種も含めた両島の計9種のDNAを調べた結果、花の形など「外見」は大きく異なるのに、オオバを除く8種の遺伝情報はほぼ変わらなかった。祖先が共通で、島ごとに短期間で進化したためという。山や険しい谷、水量豊かな川など植物を隔離する独特の地形が、島内で複数の種に分かれる要因になったとする。

この研究は奄美出身の同大院生だった松田惇志さんが中心となり、現地調査は島の植物の専門家として知られた前田芳之さん（故人）と服部さんらが支えた。「島のカンアオイの価値を地元の関係者が証明した」と瀬戸口教授。

奄美大島の8種は全て、環境省や国際的なレッドリストの絶滅危惧種。森林伐採に加え、園芸用や薬用の採取で激減したためだ。カンアオイは湿度が保たれた森を好み、自生地にはランなどの希少種も多い。「良好な環境の指標で、島の生態系を代表する存在。もっと注目され、守られるべきだ」。このユニークな花を愛する人たちはそう思っている。

（2019年3月24日付）

7 奄美ウェルカム 通訳ガイド

実地研修で「あやまる岬」を訪れ、バスガイド（左手前）の説明に耳を傾ける受講生ら

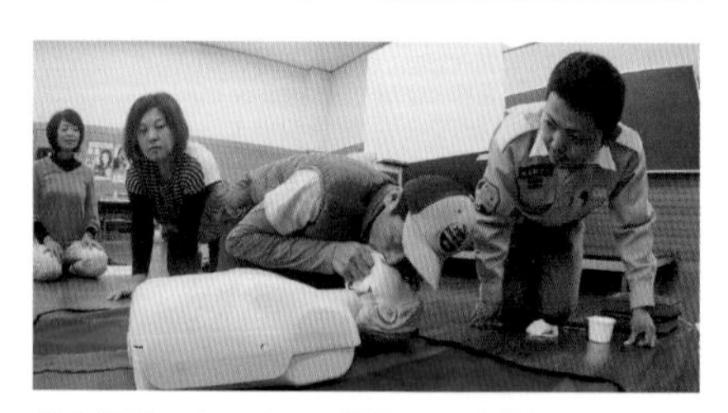

救命講習で人工呼吸に挑戦する受講生ら（中央）＝奄美市の名瀬消防署

奄美群島を訪れる外国人観光客を有償でガイドできる特例の「通訳案内士」が2017年春、誕生した。育成研修の受講生のうち47人が初年度の修了試験に合格し、正式登録された。国立公園化や世界自然遺産登録で増加が見込まれる外国人客のもてなし役とともに、離島での新しい働き方のモデルとしても注目される。

「奄美の魅力を伝える仕事が始まる。努力を続けたい」。同年2月、奄美市であった研修修了式で、合格者代表が決意を述べた。

料金をとって外国語の観光案内をするには「通訳案内士」の国家資格が必要（当時）だが、難関試験のため、特に地方で人材が不足。そこで14年3月末の奄美群島振興開発特別措置法改正に伴って創設されたのが、群島内に限って有償ガイドができる「特例通訳案内士」制度。研修によって資格を与えられるのが特徴で、奄美群島広域事務組合が事務局となり、16年10月からの約3カ月間、英語コースの研修があった。語学や地元学、救命講習など7科目で計54時間。奄美群島振興交付金を使った予算は研修の運営業者への委託料など約1500万円。受講料無料。観光庁によると、17年1月現在で札幌市や福島県、沖縄などでも同様の特例制度が導入されていた。

■合格者、顔ぶれ多彩

初年度は計88人の応募があり、事前審査や研修を終えた受講生の中から、群島の計47人が修了試験に合格した。年齢層は20～70代、会社員から主婦、公務員、英語講師までと顔ぶれは多彩。Ｉターン者も10人以上いた。

山本恵理子さん（26）は商社を辞めて東京から龍郷町に移住。目標は宿経営だが、当面は語学力を生かせる仕事とみて参加。「研修は島の勉強にもなった」。平美和さん（44）はガイドに関心を持っていた矢先に研修の話を聞き、飛びついた。「先を見据えて準備したい」。龍郷町のホテルスタッフの並木太伸さん（42）は「資格があれば、宿のＰＲにつながる」と話す。

■新会社、育成サポート

課題は経験不足。合格者の多くが日本語でもガイド経験がない。ほかの職業を持つ人や転勤族も含まれ、どれだ

合格者向けの研修会。奄美大島エコツアーガイド連絡協議会の喜島浩介会長（右手前）の話に耳を傾けた

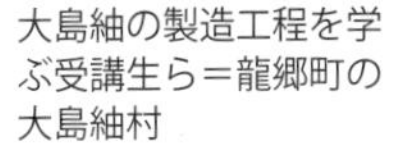

大島紬の製造工程を学ぶ受講生ら＝龍郷町の大島紬村

英語の確認テストで、アマミノクロウサギの説明をする記者

けが実動できる人材に育つかも未知数だが、克服に向けた試みも。

「下見は必須」「いつも笑顔で」。17年2月、合格者向けの勉強会が奄美市で開かれ、現役の通訳案内士や自然ガイドの助言に耳を傾けた。この会を企画したのは「奄美国際ネットワーク」(AIN)。瀬戸内町在住で、国家資格の通訳案内士を持つ杉岡秋美さん（63）ら計4人が16年秋に立ち上げた新会社で、特例案内士をウェブサイトで紹介して客とつないだり、観光施設に派遣したりするサービスを提供する。観光用資料の翻訳の受注は始めており、杉岡さんは「奄美に今までなかった会社。仕事確立に貢献したい」。

奄美市の名瀬港では14年度から外国人が乗ったクルーズ船が入港しているが、島外から通訳案内士を集め、観光バスなどでのガイドに対応してきた。その際、商店街などでボランティアガイドを行ってきた「奄美国際懇話会」の会長で、AIN取締役でもある保宜夫さん（75）は言う。「島のことはシマッチュ（島人）が説明できる方がいい。島で働きたい若者の希望になれるように、合格者をサポートしたい」。

2年目の17年度は英語と中国語の研修があり、57人が合格した。

■観光知識より対話力　記者も挑戦

研修の受講枠に少し余裕があると聞き、記者も挑戦した。研修の範囲は、奄美群島の特徴を学ぶ地元学や語学、旅程管理、おもてなしなどと幅広い。

奄美名物の英語表現も習った。鶏飯は「topped rice with chicken soup」、夜光貝は「green turban」。暗記すべき語彙の多さに気が遠くなった。

実習では奄美大島北部のあやまる岬で、受講生同士で英語で説明しあうように促された。奄美十景に数えられる景勝地だが、英文が浮かばない。大島紬の製造工程の説明は日本語でも難しかった。

修了試験は、外国人客を演じる試験官2人を空港で出迎え、観光地に案内する設定での10分間。研修済みのあやまる岬を案内しようとしたが、「その前にお勧めの土産物を教えて」「黒糖焼酎と芋焼酎の違いは？」などの想定外の質問に応対するだけで時間切れに。付け焼き刃の観光地の知識より、対話力を問う試験だと後から気づいた。

そして結果は――何とか合格。語学だけでは通用しない仕事だと痛感した。

（2017年2月27日付）

8　自然学ぶ入門の森

展望台からの絶景。龍郷湾とスダジイの森が美しい

バシャバシャ！

ルリカケスが小池で水浴びを繰り返し、オーストンオオアカゲラが「タラララッ」と音をたてて木をつつく。

アマミイシカワガエル。木洞にいる姿を比較的簡単に観察できる

池で水浴びをするルリカケス

アカヒゲやオオトラツグミが美声を響かせ、カラスバトが飛び交う。5種はいずれも国の天然記念物。龍郷町の「奄美自然観察の森」は、国内外のバードウォッチャーが訪れる野鳥の宝庫だ。

「奄美の自然を学ぶ入門の森としても最適だよ」と常田守さん。島の森の核となるスダジイ林が広がり、妖怪ケンムンがすむという

㊧アカヒゲ㊨オーストンオオアカゲラ＝外尾太朗撮影

シイノトモシビタケ

アコウの名木もそびえる。季節ごとに絶滅危惧種の花々が咲き、展望台からは龍郷湾の絶景が楽しめる。春から初夏にかけては「光るキノコ」のシイノトモシビタケが、秋にはアマミイシカワガエルが木洞で休む姿も見られる。

龍郷町によると、観察の森は長雲峠にある町有林で、広さ3.69ha。1980年代に「町民の森」として遊歩道や簡易トイレが、90年代には主に島内の小中学生が自然に触れあう場として遊具や広場などが整備され、今の名称になった。

アコウの巨木

㊤周辺に植えられたカンヒザクラ㊦メジロが蜜を吸う姿は風物詩で、花見客にも人気だが、桜の実はルリカケスの雛を襲うカラスが集まる原因にもなっているという

島が世界自然遺産に推薦された理由に希少動植物の存在があるが、ハブもいる山中で一般の人が見学するのは難しい。遺産の核心区域は将来、保護のために入山規制がかかる可能性もある。一方、観察の森は島中南部の遺産候補地とは分断されているため、遺産地域にはならない。「遺産級」の自然に触れられる森ながらも遊歩道があって歩きやすく、推薦地への観光客の集中を防ぐ意味でも重要性が増す。

2015年度の来場者は約7500人。今後は世界自然遺産登録などで増加が予想される。対策として県と町は16年度、野鳥観察や展示の施設などの再整備計画を練った。

その際の気がかりの一つが、入り口や周辺の道路沿いに植えられたカンヒザクラ。見ごろの2月は花見客でにぎ

㊤再整備された遊歩道㊦ヒメフタバランなどの自生地は一部壊された

わい、町花でもあり、再整備計画案では「樹勢の回復をはかる」とされていた。だが、本来は島に自生しない外来種で、実を求めて集まるカラスに毎年、ルリカケスのヒナが襲われる被害が続く。「私も桜は大好きだが、奄美の本物の自然とはいえない。里に移植して楽しんではどうか」と常田さん。この提案について、同計画の検討会委員で、環境省奄美自然保護官事務所の鈴木祥之・上席自然保護官は「決めるのは住民だが、本物を見せるという手法は一考に値する」。観察の森では数年前、外来種のハイビスカスが撤去された。今回の計画の当初案にあった遊具も、後に撤去された。

ツイッターなどのSNSで、島の評判も簡単に世界に発信される時代。常田さんは「桜を移植すれば、自然を守る意識の高さのPRにもなる。客に本物を見せるのが、これからの島の役目。そうでないと、すぐに飽きられてしまう」。(2017年2月14日付)

■カンヒザクラは維持

鹿児島県と龍郷町は、奄美自然観察の森の再整備計画の検討会を開き、魅力を紹介する展示施設の新設などを盛り込んだ最終計画案をまとめた。周辺の外来種カンヒザクラは、自然への影響を注視しながら維持されることになった。

施設の老朽化もあり、県が町と協力して16年10月から検討会を開き、再整備計画を練ってきた。最終の検討会が17年2月15日にあり、映像などで森を紹介する展示施設の新設、観察小屋や観察路の改修などを含めた計画案が吟味された。県が策定した基本計画をもとに町が再整備を進める。事業費の多くは国と県が補助する。

カンヒザクラについては、「(ほかの植物を駆逐する) 侵略的外来種ではない」「桜の名所として島民に愛されている」との意見が出され、維持される方向に。長田啓・県自然保護課長は「島民の思いを尊重すべきと思うが、自然への影響は注視していく」。委員の喜島浩介・奄美大島エコツアーガイド連絡協議会長も「今の木が衰えたり倒れたりしたら、回復させるのは避けるべきではないか」と話した。

(2017年2月16日付から抜粋)

追記：検討会では「侵略的外来種ではない」と指摘されたが、常田さんはその後、カンヒザクラの芽が島内の森周辺で育ちつつあるのを確認。在来種への影響を懸念している。再整備に伴う工事では、ヒメフタバランなど在来種自生地の一部破壊も確認された。

9　シャッターチャンスも宝庫

㊧湯湾岳から望む初日の出㊨身を寄せ合って越冬するリュウキュウアサギマダラ

125 年ぶりの積雪。㊧湯湾岳は銀世界となり、㊨南国の鳥アカヒゲも雪上に（2016 年 1 月）

ザトウクジラ。毎冬、繁殖や子育てのために奄美周辺の海に南下してくる

旧暦の㊧3月3日には女児の足を海水に浸し㊨5月5日に鍋底のすすを男児の額につける。いずれも初節句を迎えた子の無病息災を祈る行事。奄美の祭事は旧暦で動く

㊧渓流に映るケラマツツジ㊨スダジイの森を飛ぶルリカケス

㊧サキシマフヨウ㊥渡り鳥サシバ。「ピックイー」の鳴き声が秋を告げる㊨産卵するアマミハナサキガエル

左上から時計回りでアマミデンダ、アマミクサアジサイ、アマミイワウチワ、アマミカジカエデ、サツマオモト、ハネナガチョウトンボ、アマミトゲネズミ。全て奄美固有の絶滅危惧種

自生するコウモリたち㊦㊧研究を続ける木元侑菜さん㊦㊨新種の可能性がある個体

㊧産卵で上陸したウミガメ。生態研究のため発信器がつけられた㊥海に向かう子ガメ㊨オカヤドカリ

㊧マングローブのカヌーツアー㊥大島海峡でのシーカヤック大会㊨サンゴ

秋祭り㊧加計呂麻島の諸鈍シバヤ㊥㊨油井の豊年踊りと奉納相撲

奄美大島を離れるフェリー。３月末には毎年、別れを惜しむ姿がみられる

【コラム：失敗】

「怖いよー」

夜の森に、自分の叫び声がむなしく響いた——。希少花の撮影で、湯湾岳に登った時のこと。

「簡単に見つかる」と聞き、1人で向かったが、撮影を終えた時には夕方。急いで戻った登山口の駐車場で、失敗に気づいた。

「車のカギがない！」

身の回りを探すうちに、あたりは真っ暗に。麓の集落までは遠く、助けを呼ぼうにも携帯の電波は悪い。意を決し、登山道に探しに戻ったが、ハブは夜行性と思い出した。

「すんません、私がバカでした」。謝りながら頂上近くまで来ると、鳥居の下にカギがあった。

「今度だけ、特別だぞ」という森のお告げのようだった。

それ以降、カギはチャック付きのポケットにしまうように心がけたが、失敗は続いた。

巨木観察会では、撮影に夢中になりすぎ、気づくと他の参加者は帰途に。早く追いつこうと藪をかき分けた瞬間、眼鏡が枝にひっかかって飛んでいった。「めがね、めがね」。ひどい近眼なので、土下座のようなポーズで何とか見つけたが、数時間後、顔が真っ赤に腫れた。皮膚科によると、ダニに咬まれたようだ。全治1週間。

希少クワガタの撮影後にも、また顔が腫れた。案内役の環境省レンジャーに「昆虫へのエチケット」と言われ、虫除けを使わなかったためだろう。「今度はブユかな。皮膚が弱いのに森に行くからだよ」。皮膚科であきれられたが、「ブユの腫れは慣れるよ」と島の知人。かまれる度に、腫れがひくのが早くなった気がするが、定かではない。

オオシマゼミに悪態をついたことも。金属音のような鳴き声が面白いのでビデオ撮影していると、固定した三脚ごと強風で倒れ、修理不能に。ついつい、「お前のせいだぞ」と樹上のセミを責めた。でも、生き物に罪はない。

ビデオはもう1台壊した。渓流でアマミイシカワガエルが鳴く瞬間を狙ったが、警戒して鳴かない。ビデオを回しながらその場を離れ、車で仮眠を取ったが、気づくと大雨。戻ると、カエルはうれしそうに鳴いていたが、雨にぬれたビデオは壊れていた。記録メディアだけは無事で、数十秒、鳴く姿が映っていた。約5万円のビデオなので、10秒あたり1万円也。お宝映像だ。

全治1カ月のケガにつながったのが、オオトラツグミの撮影。かつては「幻の野鳥」と言われた国の天然記念物。専門家の水田拓さんと常田守さんに同行を許され、雛にエサを与える姿を収めた。2人の助言に従い、十分に距離を取り、迷彩ブラインドの中から望遠レンズで狙った。子育ての邪魔をしないためだ。だが、帰り道にツルに足をとられ、前のめりに転倒。肋骨にひびがはいった。

「そっとしておきなさい」という森の警告か、奄美の妖怪ケンムンのいたずらか。

1　すぐそばに希少種　徳之島

トクノシマエビネ

　紫や褐色を帯びた花びらが妖艶なトクノシマエビネに、鳥の脚のような葉を広げたオオアマミテンナンショウ。トクノシマカンアオイは茎の根元に独特の形の花をつける。いずれも世界で徳之島だけに自生する固有の絶滅危惧種。春を彩る希少な花々を求め、世界自然遺産候補の森を歩いた。

　案内役は環境NPO「徳之島虹の会」会員で、天城町三京（みきょう）集落の区長も務める豊村祐一さん。新緑の山をハブに気をつけながら1時間ほど登ると、林床にトクノシマエビネの姿が。凛として美しく、薄暗い森がそこだけ輝いてみえる。「きれいでしょう。でも色の良い株から採られてしまう」と豊村さん。かつては足の踏み場もないほど生えていたが、園芸用の採取や森林伐採で激減し、環境省レッドリストの絶滅危惧ⅠB類に。近くで黄色の花を咲かせていたレンギョウエビネも絶滅危惧Ⅱ類。

オオアマミテンナンショウ

　さらに進むと、太い幹の中が大きくえぐれたスダジイの老木が現れた。中に入って見上げると、幹にあいた穴がハート形に見える。「最近みつけた。自然は面白いね」。笑顔に戻った豊村さんが説明してくれた。

空洞になったスダジイの幹の中に入る豊村祐一さん

スダジイの幹に空いた穴。ハート形にみえる

レンギョウエビネ

トクノシマカンアオイ

タニムラアオイ

徳之島の遺産候補の森は2515haで、ともに遺産登録を目指す奄美大島は1万1640ha、沖縄本島北部7721ha、西表島2万822ha。徳之島は最小だが、固有の維管束植物は80種で沖縄北部（73種）や西表島（59種）よりも多い。「コンパクトで近づきやすい自然に、貴重な生き物がたくさんいるのがこの島の魅力。その代表がカンアオイ。すごいよ」。天城町の自然保護専門員の岡崎幹人さんもそう言って、固有種を見せてくれた。

紫の花を咲かせていたのがトクノシマカンアオイ。日本植物分類学会員の山下弘さん＝奄美市＝によると、がく筒の中央部がやや膨らむのが特徴。

ハツシマカンアオイは花茎が4～6㎝と長く、花が横向きに咲く。石灰岩土壌に生えるタニムラアオイ（タニムラカンアオイ）の花は雪のように白く、シラユキ（白雪）カンアオイの別名も持つ。固有種はこの三つだが、奄美大島にも自生するオオバカンアオイも含めると、徳之島のカンアオイは計4種。いずれも森林伐採に加え、薬や観賞用として採取され、希少種となっている。

「葉がでっかいでしょう」。岡崎さんが指し示したオオアマミテンナンショウも固有種。「仏炎苞（ぶつえんほう）」と呼ばれる筒状の緑の花と鳥の脚のような葉が特徴で、奄美大島と徳之島両島に生えるアマミテンナンショウより一回り大きい。比較的人家に近い林に生えるために農地造成などで減り、絶滅危惧ⅠA類。

徳之島では2011年、条例で採取禁止のレンギョウエビネなどの所持容疑で逮捕者が出た。その後も希少種の盗採掘被害は続いているとみられる。貴重な自然が身近なのが徳之島。「希少種を見つけたら、静かに見守って」。島の自然を愛する人たちは願っている。

（2018年4月15日付）

ハツシマカンアオイ

寝姿山と呼ばれる徳之島北部の山系。女性が仰向けに寝た姿に似ている

2　最高級の景観　シマオオタニワタリの渓流

シマオオタニワタリが樹上高くまで生い茂り、独特の景観を醸す湯湾川。こけむした岩（左）も味わい深い＝2016年5月、常田守さん撮影

「最高級の風景」。常田守さんが絶賛する渓流がある。島最高峰の湯湾岳（694 m）を源流とし、宇検村を流れる湯湾川。水は清く、青々とした葉を広げたシダ植物シマオオタニワタリが、その名の通りに谷を渡るように生い茂る。こけむした岩のそばでは、リュウキュウハグロトンボが金緑色の体を輝かせながら飛び回っている。

「どの角度でも絵になる。うれしい悲鳴だ」。常田さんは数m進んでは三脚を立て、前後左右、上下の風景を撮影する。確認した500 mだけで、約150本の木に着生したシマオオタニワタリは800株余り。川にはヨシノボリやテナガエビ、日本一美しいカエルと言われるアマミイシカワガエルなど多様な生き物が棲み、桜のような星形の花が愛らしいサクラランも樹上からぶら下がる。アカヒゲやリュウキュウアカショウビンなど野鳥の美しいさえずりも楽しめる。

シマオオタニワタリは生態も面白い。葉を放射状に伸ばし、中央に集まり落ちる枯れ葉や水を栄養にして育つ。幹の表面がざらざらで着生しやすいアマミアラカシの木に多く、樹上に生えることで光が届きにくい深い森でも光合成をしやすくしているとみられるという。「生き残るための戦略がすごい」と常田さん。

2010年の奄美豪雨や相次ぐ台風などで流されたため、以前より株数は減った。護岸が無機質なコンクリートで固められた場所もあり、「人命にかかわる災害対策の工事は必要だが、今後は景観や生態系への配慮が求められる」と指摘する。島が世界自然遺産を目指せるのは希少種の多さだけでなく、この渓流のような「風景そのものが世界レベルの遺産」と考えるからだ。

湯湾川での撮影中、常田さんは夢想する。奄美の自然を濃密に描いた画家田中一村(1908 ～ 77)がもしも存命で、案内をできるならば。「傑作が生まれるかもしれない」と。

(2016年6月12日付)

追記：この渓流は林道脇を流れているが、取材時は生い茂る木々で路上からは見えず、見学するには沢に降りる必要があった。その後、当地の知名度上昇にあわせるかのように、林道側の樹木が切り倒された。観光バスなどで路上から見学しやすいようにとの「配慮」とみられている。防風林的な役割があった木々が消えたためか、シマオオタニワタリが多数ついた名木の倒壊が相次ぎ、薄暗さが魅力の沢は明るくなってきている。

薄暗く幻想的だった湯湾川＝ 2016 年 5 月

㊤木が伐採され、林道から眺められるようになった湯湾川㊦㊧倒れ落ちたシマオオタニワタリ㊦㊨伐採の跡＝いずれも 2020 年 12 月

光沢のある体が美しいリュウキュウハグロトンボ

星形の花が美しいサクララン。名前にランがつくが、ガガイモ科のツル性植物

上から見たシマオオタニワタリ。放射状に広げた葉で中央に枯れ葉や水を集め、栄養にする

3　外来植物　広がる脅威

ムラサキカッコウアザミ＝奄美市住用町

陽光に輝く紫の花の周囲をチョウが舞う。6月上旬、奄美大島中南部のスタル俣林道。美しい風景に見えるが、この花は南米原産の外来種ムラサキカッコウアザミ。周辺は奄美群島国立公園の指定地区で、世界自然遺産の候補地。「こんな重要地域まで外来種だらけ」。常田守さんがため息をついた。

島内各地に、強い繁殖力で在来の草花を駆逐し、生態系を壊す「侵略的外来種」と呼ばれる外国産の植物がはびこっている。黄色の花が愛らしい北米原産のオオキンケイギクはその代表格。観賞用や道路のり面緑化のために全国で植えられた。島でもよく見かけるが、国は2006年、外来生物法に基づく「特定外来生物」に指定。栽培や移動、販売などを罰則付きで禁じる。

緑のじゅうたんのように川を覆うオオフサモも特定外来生物。南米原産で、島では淡水魚飼育用の水草が捨てられて増えたとみられる。洪水時の水の流れを妨げる恐れも指摘されるが、駆除は大仕事。根ごと取り去って枯らさないと、また増えてしまう。

㊧オオキンケイギク＝大和村㊨オオフサモ＝龍郷町

ツルヒヨドリ。世界の侵略的外来種ワースト100にあげられている＝自然環境研究センター提供

在来種キダチハマグルマの花（中央）を囲むように生える外来種アメリカハマグルマ。両側の花と周囲の葉はすべてアメリカハマグルマ＝奄美市住用町

16年に特定外来生物に追加されたツルヒヨドリも脅威だ。南北アメリカ熱帯地域の原産で、つるは1日約10センチも伸びて葉を広げ、綿毛を持つ種は風で運ばれる。英語で「Mile-a-minute weed」（1分で1マイル広がる雑草）の異名があり、農作物にも被害を及ぼす可能性も。日本では1984年に沖縄で見つかり、近年、奄美大島でも確認された。

在来種への影響が目に見えるのが、南米北部原産のアメリカハマグルマ。

群生するハナシュクシャ（画面上部の背丈の高い植物）。すぐ下で葉を広げているのが絶滅危惧種アマミクサアジサイで、影響が心配される

緑化用に1970年代に南西諸島に植えられたが、今では国が積極的な駆除を求める「緊急対策外来種」。奄美でも目立ち、特に奄美市住用町のマングローブ林のそばでは、在来のキダチハマグルマを囲むように生い茂り、駆逐や交雑が懸念される。

台湾原産のタカサゴユリは、絶滅危惧種のウケユリの自生地近くまで侵入し、交雑の心配がある。インドなどが原産のハナシュクシャも蔓延。島固有種のアマミクサアジサイを覆うように生える場所もあり、希少種を脅かす。

島を愛した画家・田中一村も描いたアダンの海岸を一変させたのが、豪州原産のモクマオウ。護岸工事などで伐採されたアダンなどの在来種に代わり、鹿児島県が50年代から防風や防潮、防砂のために植えた。砂地でも成長が早い特性を見込んだが、在来種を追いやり、波打ち際まで増殖。希少種の渡り鳥コアジサシの繁殖地も奪った。県が16年春に発表した侵略的外来種の番付表で、モクマオウは「小結」。問題との認識はあるが、県は在来種と一緒に植える「混植」に切り替えつつ植栽を続けた。「ほかに（防風林などに）適した木がない。寿命が短いので、在来種が育てば消える」と説明したが、生息域は広がっている、と常田さん。

同様の問題がある小笠原諸島（東京都）では11年の世界自然遺産の登録前から国などが、抜き取りや薬剤注入などでモクマオウを計画的に減らす努力を続けており、対応に差がみられる。

「植物界のマングース」。常田さんはこの木をそう表現する。ハブ駆除を期待して人が放ち、希少動物を襲う被害を生んだマングースの姿と重なるからだ。他の外来種も同じで、生態系への影響を考慮せず、安易に島に放した過去のツケが回ってきているという。

環境省も県も対策の必要性を認めるが、具体的な動きはまだこれから。どこに、どんな生き物がいて、どうつながっているのか。「自然を知らないと対応を誤り、新たな外来種が増えかねない。守るには本来の姿を学ぶしかないんです」

（2017年6月25日付）

㊧水際近くまで広がるモクマオウ林。アダンが並ぶ奄美らしい海岸は激減した㊨モクマオウの実。海岸を黒く染め、波に運ばれ分布を広げる＝奄美市笠利町

4　遺産登録「延期」勧告

現地調査で湯湾岳を訪れたIUCNの専門家＝2017年10月

世界自然遺産への登録を目指す「奄美大島、徳之島、沖縄島北部及び西表島」について、ユネスコ諮問機関の国際自然保護連合（IUCN）が2018年5月、「登録延期」を勧告した。豊かな生物多様性の価値は認めたものの、抜本的な見直しを求めた。延期勧告を受け、政府は翌6月の閣議で、推薦の取り下げを了解した。研究者や自然保護関係者らの意見も参考に、経緯と今後の課題をまとめた。

■「登録しない」を回避

Q）登録の可否は18年夏にわかると聞いていたが？

A）日本政府は17年2月、登録を求める「推薦書」をユネスコ世界遺産センターに提出した。四つある自然遺産の基準のうち、島々で生き物が独自に進化した「生態系」と、絶滅危惧種などの貴重な生き物が多い「生物多様性」の二つが当てはまり、保全態勢も整えた、とする内容。登録の最終判断は6月末から中東のバーレーンである世界遺産委員会で決まる予定だったが、政府が推薦書をいったん取り下げるので、18年夏の登録はなくなった。

Q）なぜ取り下げるの？

A）ユネスコの依頼で「自然遺産にふさわしいか」を専門的な立場で評価するIUCNから5月上旬、「登録は延期した方がいい」と勧告されたためだ。

Q）勧告は絶対なの？

A）勧告を覆して世界遺産委員会で「登録」が決まった例はあるが、勧告よりも厳しい「登録しない」と判断される可能性もある。その場合は再推薦ができず、登録は不可能になる。国は、勧告で指摘された問題点に対応した上で再挑戦した方が、確実な登録につながると判断した。

Q）問題点とは？

A）大きく分けて二つ。一つは、4島で計24カ所（計約3万8000ha）に及ぶ候補地が各島の中で分断され、狭すぎる地域も含まれている点だ。10ha以下が4カ所、100ha以下も11カ所あると指摘された。将来も自然本来の姿が保たれるかどうかに「重大な疑いがある」ため、「生態系」は基準を満たさないとされた。もう一つは、沖縄本島北部にある米軍北部訓練場の返還地の扱い。16年12月に日本に返還された約4000haの森は、絶滅危惧種を守るために「重要な地域」を含むと強調された。候補地にこの森を加え、狭くて不要な場所を削れば、「生物多様性」については「基準を満たす可能性がある」とされた。

Q）ほかに問題は？

A）島本来の生き物を脅かすマングースや野生化した猫、繁殖力の強い植物などの外来種、希少動物の交通事故死、珍しい虫や花の盗採掘、観光客の増加などが自然への「脅威」として対策が求められた。大型クルーズ船の寄港を含めた来島客の急増が「重要かつ緊急の課題」と明記されたのも注目点だ。

Q）今後はどうなる？

A）国は北部訓練場返還地の9割を、やんばる国立公園に追加する。国立公園になれば国による保全態勢が整ったとみなされ、遺産候補地に加えることが可能になる。このほか、不要とされた区域の扱いをIUCNの意向を確かめながら再検討するなどし、推薦書を練り直す。その推薦書を19年2月までにユネスコに再提出し、同年秋ごろのIUCN現地調査を経て、20年夏の世界遺産委員会での判断というのが、登録に向けた最も早いシナリオだ。

■遺産の意味、問い直す

Q）地元は何ができる？

A）自然保護関係者は「島の自然に触れ、理解を深めてほしい」と訴えている。ハブ駆除のために森に放したマングースがアマミノクロウサギを襲ったり、見た目がきれいだからと外来植物を山に植えたりといった過去の失敗例のように、自然への理解が薄いと誤った保全対策が進められる恐れがあるためだ。遺産化は保護が目的なので、住民の負担もある。観光客増という目に見える効果のほかに、島にとってどんな意味や価値があるのか。みんなで問い直す必要もありそうだ。

（2018年6月2日付から抜粋）

■（解説）将来も守る仕組み、必要

世界遺産として認められるには、自然の価値だけでなく、将来にわたって守る仕組みも問われる。沖縄本島北部には米軍の北部訓練場があり、緩衝地帯が全くない場所もある。奄美の森は、他の遺産登録地と比べて人の生活圏と近く親しみやすいが、増加が見込まれる観光客の悪影響を抑える仕組みは不十分だ。国の特別天然記念物アマミノクロウサギやイリオモテヤマネコが車にひかれる被害が続き、希少な虫や花の盗採掘は後を絶たない。人による外来種の侵入も懸案だ。ハブ対策で山に放たれたマングースはクロウサギを捕食。野生化した猫が希少動物を襲う問題も表面化している。観賞用や道路工事で島に入った外来植物の対策はほぼ手つかず。一方で観光振興の施設や道路の整備は進み、自然保護関係者からは「本末転倒」の声も漏れていた。

勧告は自然の価値そのものは認めている。「世界の宝」を次世代に引き継ぐ保全態勢作りが求められている。

（2018年5月5日付、奄美支局長として）

5　豊かさ体感　巨大ガジュマルの森

奄美群島最大級とみられるガジュマル。中央の人と比べると大きさが分かる。奥には滝もみえる

上から見たガジュマル

無数の根が巨岩をわしづかみするように囲み、絡み合った幹が天に向かって伸びている。その姿はまるで昇り竜のよう。奄美大島中部の山中にある高さ約 30 mのガジュマル。「すごい。やはり世界自然遺産にしないといけない島だよ」。常田守さんがうなずいた。

島が目指す遺産登録は 2018 年 5 月、ユネスコ諮問機関の「延期」勧告により、実現は先延ばしに。奄美の自然の価値を再確認しようと、常田さんのガジュマル見学ツアーに同行した。

目的地は島中部を流れる川内川の支流沿いを登った森の中。ふもとの小道でまず目に付いたのは外来植物ムラサキカッコウアザミの群落。周辺は植物を食い荒らす「ノヤギ（野生化したヤギ）も多い。何とかしないと」と常田さん。今回の勧告では外来種対策の強

㊧ふもとにはびこる外来植物ムラサキカッコウアザミ㊨ノヤギ

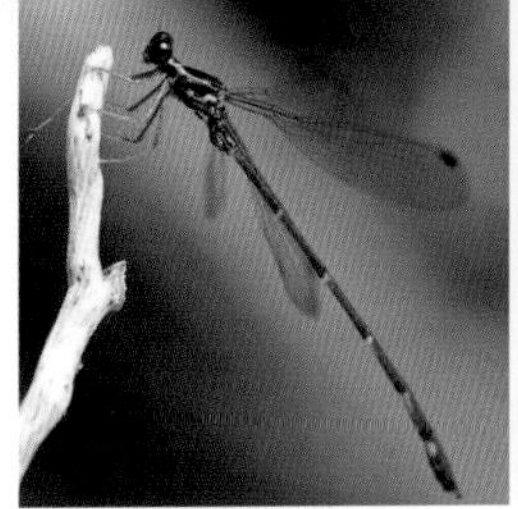

㊧アマミトゲオトンボ㊨アマミハナサキガエル

㊧３種がくっついた木。左がアマミアラカシ、手前がシマサルスベリ、奥がスダジイ㊨バクチノキ

化も指摘された。

急勾配の森に入ると、木々の間をかき分けたり、ゴツゴツとした岩をよじ登ったりして進む。息が上がり始めたころ、足元に美しい昆虫が。島の固有種アマミトゲオトンボ。国天然記念物の野鳥アカヒゲの美声にも癒やされる。

ヨウラクヒバ

途中、次々と現れる滝のそばで撮影タイムを兼ねて休憩。水しぶきがかかる岩の上では絶滅危惧種のアマミハナサキガエルも休んでいた。奄美大島と徳之島だけに生息し、鹿児島県の天然記念物にも指定されている。

「面白いねえ」。参加者が興味深そうに眺める木もあった。遠目では１本に見えたが、近づくとアマミアラカシとシマサルスベリ、スダジイの３種がくっついている。れんが色の幹が目をひくのはバクチノキ。樹皮がはがれ落ちた姿が、博打で負けて丸裸になった人を思わせるのが名前の由来という。

「あれは珍しいよ」。常田さんに促され、見上げた樹上にはシダ植物ヨウラクヒバが生えていた。森林伐採などで減り、環境省レッドリストで絶滅危惧ⅠＢ類に分類されている。

ゆっくり登って約２時間。姿を現したガジュマルは渓流を挟むようにそびえ、威容を誇っていた。京都市から参加した高保幸一さん（75）は「こんな風景初めて。頑張って登ってよかった」とほほえんだ。根や幹の一部が折れ、以前より周囲の長さが短くなったが、ガジュマルとしては奄美群島最大級とみられる。常田さんは30年ほど前にこの木を発見した際、「『奄美、バンザイ！』と叫んだ」と振り返る。

ただ、外来種侵入や相次ぐ開発、観光客増加に備えた対策の遅れなど、世界の宝になる森を守ろうとする地元の意識は不足しているという。延期勧告は「そこを見透かされた証拠。まずは自然に触れ、多くの島民に素晴らしさを体感してもらいたい」と訴える。ツアーに参加した環境省の岩本千鶴・自然保護官も「奄美の自然の多様性と素晴らしさを再認識できた。保護対策をしっかりと進めたい」と話した。

（2018年５月13日付）

6　生き物の宝庫　徳之島山クビリ線

オビトカゲモドキ。恐竜のような見た目が人気で密猟対象となっている

アマミヤマシギのヒナ

夜の森でトクノシマトゲネズミが跳ね、オビトカゲモドキがじっと息を潜めている。ともに徳之島だけにすむ固有種だ。アマミノクロウサギやアマミヤマシギも次々と現れた。島北部を走る林道山クビリ線は「世界的に貴重な生き物が間近で見られる、すごい場所」。そう胸をはる鹿児島県希少野生動植物保護推進員の池村茂さん＝徳之島町＝の夜間パトロールに３～５月、同行した。

山クビリ線は天城岳（533 m）や三方通岳（さそんつじ）（496 m）の中腹を走り、全長約 15㎞の大半が世界自然遺産の候補地。ユネスコ諮問機関の国際自然保護連合（IUCN）の専門家も現地調査で訪れた。

車で入ると、まず出迎えたのがアマミノクロウサギ。以前は姿を見るのが難しかったが、クロウサギを襲う野生化した猫の捕獲が始まった 2014 年末以降、徐々に確認しやすくなり、今では 20 匹以上が現れる夜も。猫による捕食被害は続いており、捕獲の継続が重要だという。

「チー」という鳴き声をたどると、アマミヤマシギのヒナがよちよち歩きをしていた。種の保存法に基づく「国内希少野生動植物種」で、琉球列島の固有種。そばにいた親鳥が威嚇の声をあげ始めたところで、その場を離れた。「ストレスを与えないように、そーっと見守らないとね」と池村さん。

アマミノクロウサギ

トクノシマトゲネズミ＝池村茂さん撮影

㊧「オビトカゲ」の文字が刻まれた壁。目的は不明だがその後、周辺のオビトカゲモドキは激減したという＝2018年3月、池村茂さん撮影㊨車にひかれたとみられるアマミハナサキガエル

ピョンと跳ねながら道路を横切ったのが、国の天然記念物トクノシマトゲネズミ。かつては奄美大島や沖縄本島にいるトゲネズミと同種とされたが、研究が進んで06年に徳之島の固有種に。体長15㎝前後でトゲ状の毛が生えているのが特徴だ。

茂みにいたオビトカゲモドキも島固有種。トカゲに似ているがヤモリの仲間で、胴の長さ6～8㎝。桃色の帯模様と猫のような目が特徴。生きた化石と呼ばれるイボイモリとともにペットとして人気があり、乱獲や森林開発で激減し、環境省レッドリストで絶滅危惧ⅠB類になっている。池村さんは3月、生息地の壁に「オビトカゲ」の文字が刻まれたのを発見。すぐに消したが、その後、周辺で個体を見つけにくくなったという。

路上には県天然記念物のアマミハナサキガエルや琉球列島に生息するリュウキュウカジカガエルも多いが、車にひかれた個体も目に付く。クロウサギの輪禍も毎年のように発生しており、地元ガイドらは「10㎞以下でゆっくりと運転を」と呼びかけている。

純白が美しいトカラアジサイや子育てのために渡ってきた夏鳥リュウキュウアカショウビンも楽しめ、夏はランの仲間が咲き誇る。山クビリ線を走れば「刻々と変わる自然の表情を味わえる。本当に恵まれている分、守る責任がある」と池村さん。18年5月、遺産登録の「延期」を勧告したIUCNからは、観光客増加で自然が劣化する恐れが指摘された。観察マナーの向上に向け、国や県、地元が一体となった対策が求められているという。

（2018年6月10日付）

トカラアジサイ

生きた化石と呼ばれるイボイモリ

リュウキュウアカショウビン

7　倒れた巨木　森の繊細さ伝える

倒れたオキナワウラジロガシ。中央の赤い服を着た人と比べると巨大さが分かる（パノラマ撮影）＝2018年2月

倒れたオキナワウラジロガシの根＝2018年2月

倒れる前の様子。観察会の参加者が手をつないで囲んだ＝2017年4月

生い茂る照葉樹で昼間でも薄暗い森に、直射日光を浴びた明るい空間が広がる。近づくと、巨大な幹や枝が周囲の木々をなぎ倒したまま、静かに横たわっていた。根元の幹回り8.9m、推定樹齢300年以上。国内最大級のオキナワウラジロガシが倒れたと聞き、奄美市住用町山間の現場を2月に訪ねた。

地面からはがれ、むき出しの根の幅は3m超。ぼこぼこの太い幹にはシダやコケなど無数の植物が着生し、それだけで一つの森のよう。倒れてもなお残る威容に息をのんだ。

オキナワウラジロガシは板状の根と日本最大のドングリで知られる琉球列島固有の常緑高木。巨木としては沖縄県国頭村にある幹回り7.6mの個体が有名で、民間団体に「日本一」と認定されたこともある。だが、奄美の巨木を写真で見た琉球大の横田昌嗣教授（植物分類学）は「ここまで大きな個体は見たことがなく、間違いなく国内最大級。何とかして守りたい木だった」と惜しむ。

倒壊は2018年1月、常田守さんが現地で確認した。20年以上撮影を続けて魅力を訴え、前年4月には案内役を務めた奄美博物館主催の観察会の目

倒れた喜瀬のガジュマル。左下が箱形の石＝2018 年 2 月

倒れる前のガジュマル。中央にノロの墓の可能性がある箱形の石がみえる＝ 2012 年 7 月 8 日、常田守さん撮影

玉にした。その迫力を目の当たりにした久伸博・同館長は「世界自然遺産を目指す島の『シンボル』として紹介していく予定だったが、誠に残念」。横田教授は「ドングリがあれば育てたり、幹の一部だけでも展示したりする価値は十分にある」と提案する。倒壊の原因は断定できないが、前年の台風の可能性が高い、と常田さん。その強風は別の木にも影響を与えたとみられる。

2月、常田さんと訪れた奄美市の喜瀬集落を見下ろす高台のガジュマルが倒れていた。近所の女性によると、前年の台風時に「ドン」という音が響いており、この時に折れたのではないかという。ガジュマルはほかの樹木を囲むように育って枯らすこともあり、「絞め殺しの木」とも呼ばれる。喜瀬の木は箱形の石を覆うように成長し、その石が奄美の女性司祭「ノロ」の墓の可

湯湾川で倒れていた木。中央の緑の葉に見えるのが着生したシマオオタニワタリ＝ 2017 年 2 月

能性があるとして、奄美考古学会長だった中山清美さん（故人）が生前、調査していた。「見る角度によって違う表情をみせる不思議な木。文化的な価値もうかがわせる島の宝がまた一つ失われた」と常田さん。

宇検村の湯湾川でも 1 年前、奄美を代表するシダ植物シマオオタニワタリが着生した木が数本、倒れているのが確認された。周辺は、常田さんが調べた 500 m区間だけで約 150 本の木に 800 株あまりが着生。南西諸島最大の群生地ともいわれる名所だが、台風や豪雨に加えて護岸工事などで数が減り、保護の必要性が高まっている。

自然界で木が倒れることは当たり前にあり、今回確認された倒木の直接的な原因は強風とみられる。その一方で横田教授は、オキナワウラジロガシの巨木が倒れた要因の一つとして、過去の伐採で風を防ぐ周囲の木が減り、倒れやすくなっていた可能性を指摘。常田さんは伐採が繰り返されて表土が流され、根の張りが悪くなっていた恐れもあるとし、「命あるものが終わるのは当然だけど、それを人が早めることは避けたい」と訴える。倒れた木々は奄美の森の豊かさとともに、繊細さも教えてくれている。そう感じるという。

（2018 年 2 月 25 日付）

8　新種発見　多様性の証明

新種のアマミムヨウラン＝森田秀一さん撮影

奄美大島では、新種をはじめとした貴重な発見が続く。専門家や自然保護関係者は「森が豊かな証拠。今後も新発見の可能性がある」と口をそろえる。

19年5月にランの新種として発表されたのは「アマミムヨウラン」。奄美市の動植物研究家の森田秀一さんが18年5月に見つけ、神戸大の末次健司講師（生態学）が熊本大の研究者らと遺伝子などを調べ、新種と確認した。光合成をせず、森の菌から養分を取る「菌従属栄養植物」の仲間で、草丈約15㎝。5月ごろ直径約1.5㎝の緑がかった黄色い花を咲かせる。

森田さんが発見した植物は、16年にも新種と発表された。国内では屋久島が分布の南限とされてきたユキノシタ科のチャルメルソウ。国立科学博物館筑波実験植物園（茨城県）の奥山雄大研究員が新種と確認。「アマミチャルメルソウ」と名付けられ、学会誌に載った。奥山さんによると、チャルメルソウは北米や東アジアの温帯林に生息する多年草で、果実が楽器のチャルメラに似ているのが名前の由来。森田さんは11年3月、山中で発見。国立科学博物館に届けられ、形態や遺伝子情報を調べた結果、新種と判明した。1株の大きさや高さは約8㎝、花の直径3～4㎜。奥山さんは「南方系から温帯の植物までが生息する奄美の自然の懐の深さを示す発見」。森田さんは「乾燥に弱い種なので、よくぞ残っていてくれた」と喜ぶ。推定個体数は1000以下で、厳重な保護が必要という。

千葉県立中央博物館（千葉市）の研究員吹春俊光さん（菌学）は14年、奄美大島で新種のキノコが見つかったと発表した。ハラタケ類のキノコで、成熟した背丈は5～10㎝、カサは直径1～2㎝で、「コツブザラミノヒトヨタケ」と名付けられた。

シダ植物のオオバシシランは、外国産の近縁種と同一とみられていたが、日本と台湾のチームによって14年、日本

㊧アマミチャルメルソウ㊨花のアップ

オオバシシラン

固有の新種と報告された。研究を続ける国立科学博物館の海老原淳研究主幹によると、自生地は屋久島と奄美大島が知られるだけという。

国内では絶滅したと考えられていたイラクサ科の小低木「ホソバノキミズ」が奄美大島で自生していることも分かった。鹿児島大学総合研究博物館などの研究グループが発見し、20年11月に発表。0.5～2ｍの小低木で、葉の上半分の縁が、のこぎり歯のようにギザギザ状になっているのが特徴。

奄美市の植物写真家山下弘さんが1995年に渓流で発見した植物もその後、新種として発表された。和名は「アマミアワゴケ」で、学名は発見者にちなみ「ネルテラ・ヤマシタエ」。こけむした岩場に生える多年草で、幅約8㎜の小さな白い花が特徴。

島の植物の第一人者として知られる山下さんは80年、台湾の自生種と同

アマミアワゴケ

アマミカヤラン

じランを国内で初めて奄美大島で発見。台湾の生息地名にちなんで「ケイタオフウラン」との和名がつけられた。

これが後年、国立科学博物館筑波実験植物園（茨城県）の遊川知久研究員の調査で、ヒマラヤ東部や中国南部、ベトナムなどに自生するランと同種で、台湾の花とは違うと分かった。新たに同種と判明した花の和名はなかったため、「アマミカヤラン」と名付けられた。「ヒマラヤと同じ花が沖縄を飛び越えて奄美に自生するのは、この島の生物多様性の豊かさを示す」と遊川さん。山下さんは「この花は酸性雨などの環境変化に弱く、島に残るのはおそらく30株以下。盗採パトロールの強化などで、しっかりと守りたい」と話す。

奄美大島では、アマミイシカワガエルやアマミアセビ、ワダツミノキなど、他地域の自生種と同じとされていたのが「奄美固有の新種」と発表される例も続いている。

（1998年7月16日～20年11月21日付から抜粋）

9　遺産再推薦　残る課題

与那覇岳（右上）を中心に左右に広がる山々が世界自然遺産候補地。手前の広大な森が米軍北部訓練場＝2016年10月、沖縄県国頭村、朝日新聞社機から

奄美大島の遺産候補地

「奄美大島、徳之島、沖縄島北部及び西表島」の世界自然遺産登録に向け、政府は2019年2月1日、推薦書をユネスコ世界遺産センターに再提出した。ユネスコ諮問機関の国際自然保護連合（IUCN）は18年5月、4島で計24地域に分断された推薦地は「持続可能性に重大な懸念がある」と問題視し、登録延期を勧告。政府はいったん推薦を取り下げていた。今回は推薦地を広げたり、飛び地を除外したりして4島で計5地域に集約。IUCNが重要と指摘した沖縄本島北部にある米軍北部訓練場返還地の大半も推薦地に編入した。

■「生物多様性」に絞る

17年の最初の推薦時は、四つある自然遺産の基準のうち、島々で生き物が独自に進化した「生態系」と絶滅危惧種などが多い「生物多様性」の二つを満たすと主張していた。だがIUCNは18年の勧告で、推薦地の分断などから生態系は「基準に合致しない」と指摘。「生物多様性」については、貴重な生き物が多い沖縄本島北部の米軍北部訓練場返還地を推薦地に加え、不適切で狭すぎる推薦地を除けば「合致の可能性がある」とした。

これを受けて今回の推薦では、基準を「生物多様性」だけに絞った。同返還地の大半を推薦地に入れることで、4島合計の推薦地は17年推薦時より約5000ha多い4万2698haに。4島で計24区域に分断されていた推薦地も五つに集約。奄美大島と沖縄本島北部、西表島はそれぞれ1区域、徳之島は2区域となった。

■外来種対策課題

IUCNからは自然への「脅威」として多くの課題が指摘され、その対応も求められた。その一つが観光客増加に伴う自然の劣化で、国は地域ごとに観光利用のルール策定を進めるとする。奄美大島では19年2月下旬から、有数の観光地で推薦地内にある「金作原国有林道」への入林に認定ガイド同行を求める試みが始まった。奄美大島エコツアーガイド連絡協議会の喜島浩介会長は「心配な場所はほかにも多く、管理の仕組みをもっと整えないと」。

外来種の駆除活動。参加者らがアメリカハマグルマを引き抜いた＝2016年6月

外来種のコイ。遺産候補地を流れる住用川にも多い

奄美自然環境研究会の常田守会長は外来種対策が「喫緊の課題」とみる。島の自然を40年以上見守ってきた経験から、希少種を脅かす野生化した猫やヤギ、在来植物を駆逐する外来植物などの脅威を感じる。「奄美は世界の宝。自然の仕組みを理解した上で、適切な対応を進める必要がある」と訴える。

「登録延期でよかった」と話すのは徳之島の環境NPO「徳之島虹の会」の美延睦美事務局長。17年の推薦時は「このまま遺産になっていいのか」と心配になるほど地元の関心が薄かった。

それが延期勧告後、地元建設業者や集落が外来植物を自主的に駆除したり、自然観察会に参加する住民が急増したりした。希少種の交通事故や盗採掘など課題は多いが、「登録への機運は着実に高まっている。住民として何ができるのかをしっかりと考え、実行したい」と話す。

(2019年1月23日、2月3日付から抜粋)

徳之島・金見崎海岸でゴミを拾い集める住民ら＝2018年5月

希少種ツルランが大量に消えたのが確認された徳之島の現場＝2019年2月、徳之島虹の会提供

同じ場所では約7カ月前、美しい花が咲いていた＝池村茂さん撮影

車にひかれた徳之島のアマミノクロウサギ＝2018年7月、池村茂さん撮影

10　IUCN再調査

日本の研究者から湯湾岳の説明を受けるIUCNの専門家（右から2人目と3人目）＝2019年10月、大和村

希少種保護のパトロール中、枝につるされた違法な昆虫ワナに対する警告文を確認する山室一樹さん

世界自然遺産登録に向け、ユネスコ諮問機関・国際自然保護連合（IUCN）の専門家による再調査が2019年10月8～10日、奄美大島と徳之島で行われた。来島した専門家は自然環境に詳しいウェンディー・アン・ストラーム氏とウルリーカ・オーバリ氏。環境省によると、2人は森の分断や希少種保護といった課題の対応状況などの説明を受け、湯湾岳などの候補地で希少種の生息状況を確認。夜の森でのアマミノクロウサギなどの観察や、地元で保護活動を行う住民らとの意見交換も行った。案内を終えた環境省の担当者は「森の連続性や地域と一緒になった保護の取り組みをアピールした」。再調査の結果などを踏まえ、IUCNは評価結果を勧告し、世界遺産委員会の審議で登録の可否が決まる。18年の「登録延期」勧告時、IUCNから指摘された課題への取り組みや現状をまとめた。

■密猟情報相次ぎ、監視を強化

「昆虫のワナがあったんです」。9月中旬の深夜、奄美大島の遺産候補地。環境省の委託で希少種保護パトロール中だった奄美野鳥の会の山室一樹理事が林道脇の木の枝を指さした。近づくと「自然公園法に違反する行為」と記した同省の警告文が下がっていた。

希少動植物の密猟はIUCNが自然の「脅威」に挙げた項目の一つ。同島では19年、年数件だった密猟や不審者情報が20件を超え、対策は急務だ。4月、固有種アマミイシカワガエルなどを違法に捕獲した疑いで2人が逮捕された。7月には遺産候補地で、島内5市町村の共通条例で捕獲を禁じる希少種アマミシカクワガタを含む昆虫約100匹を捕殺した計10個のワナも見つかり、夏には別の場所でもワナの発見が相次いだ。同省や島の保護関係者は19年度、パトロール回数を増やし、空港関係者に希少種の見分け方などを伝える研修会も開催。啓発のチラシやポスターも各地に配った。5市町村は20年に監視用の自動撮影カメラ30台を山中に設置。同省担当者は「警察を含め、地元の方と連携し、監視態勢を強化したい」と話した。

ツルヒヨドリの除去作業。地元の建設業関係者も協力した＝2019年9月、奄美市、環境省提供

金作原国有林道の入り口。入林規制の開始日には、奄美市の職員らがルールを紹介するチラシを観光客に配った＝2019年2月

■遅れる外来植物駆除

登録延期の勧告でIUCNから推奨されたのが、在来の生物を襲ったり生息地を奪ったりする外来種対策だ。希少動物を捕食する野生化した猫について、徳之島で2014年末から、奄美大島で18年7月から山中での捕獲が続く。猫の捕獲により、徳之島ではアマミノクロウサギなど希少動物の生息域が広がるなど効果が確認されつつある。ただ徳之島では、犬に襲われたとみられるクロウサギの死体発見が相次ぎ、犬の適正飼育の必要性も浮き彫りになった。一方、遺産候補地内外で多くの種が確認されている外来植物の駆除は難しく、対策が遅れている。

最も恐れられる一つが特定外来生物ツルヒヨドリ。「1分で1マイル広がる雑草」の異名を持ち、1984年に沖縄で見つかり、近年奄美大島でも確認された。奄美市では前月、市街地で駆除作業が行われたが、山中への拡大が懸念される。常田守さんは「外来種対策は『喫緊の課題』。自然の仕組みを理解して適切な対応を進める必要がある」。

■観光客増加に懸念

県によると、奄美群島への入り込み（入島）客数は増加傾向で、18年は過去最多の88万5400人。遺産登録に向けて注目度が高まる中、クルーズ船寄港や空路便の増加などの影響とみられる。IUCNは観光客増加による自然への悪影響も課題に挙げる。

奄美大島では19年2月から観光地で遺産候補地の「金作原国有林道」で、徳之島では7月から希少種が多い林道「山クビリ線」で、認定ガイドの同行などを求める試みが始まった。

一方、アマミノクロウサギの観察スポットとして知られる奄美大島の三太郎峠では、ガイド車やレンタカーなどの通行量が増加。希少なネズミや鳥、カエルなども含めた輪禍の増加が心配されている。希少植物の宝庫とされる湯湾岳など観光客による踏み荒らしなどが懸念される場所もある。自然が劣化すれば、観光地の魅力も低下する。奄美大島エコツアーガイド連絡協議会の喜島浩介会長は「管理の仕組みをもっと整えないと」と話す。

（2019年10月11日付から抜粋）

追記：新型コロナウイルスの世界的な感染拡大を受け、20年6月から中国で開催予定だった世界遺産委員会は延期され、委員会開催の6週間前までに行われるIUCNの勧告も延期となった。ユネスコはその後、延期された世界遺産委員会を21年7月16～31日にオンライン形式で開くと決めた。

【コラム：誤解】

奄美大島の中心部、名瀬地区。イオンをはじめとする店舗やビルが立ち並ぶ

イオンにマツキヨ、モスバーガー、ツタヤ――。全国チェーンの店が並び、24時間営業のスーパーもコンビニもある。奄美大島で暮らし始めて意外だったのが、その便利さだ。繁華街「屋仁川（やにがわ）」にいたっては、鹿児島県内で有数の飲食店数を誇る。もちろん中心部の名瀬地区に限った話だが、「離島」のイメージとはかけ離れている。買い物で困るのは、物資を運ぶフェリーが止まる台風時ぐらいだった。

自然についてもイメージが覆された。よく耳にする「手つかずの大自然が広がる」という謳い文句は誤解だと感じている。ほとんどの海岸に開発の手が入り、森も伐採された過去がある。

奄美の自然を否定したいのではない。この島の素晴らしさは、人の営みのすぐそばに、多様な生き物がいることだ。絶滅危惧種の花が裏山で咲き、生活道路にアマミノクロウサギが現れる。国天然記念物のルリカケスやアカヒゲは、民家の軒下にも巣をつくる。奄美最高峰の湯湾岳は694 m。駐車場から木道を登れば、頂上まで1時間とかからない。国内最大級のマングローブ林は、国道から見下ろし、全景を撮影できる。

奄美大島の森。下部の濃い緑は植林された木々

「屋久島の縄文杉のような目玉がない」という声を何度も聞いたが、それも勘違いだ。足元の自然のすごさを教えてくれる翻訳家（ガイド）さえいれば、山歩きの経験がなくても、世界遺産級の生き物を体感できる。貴重な自然との距離の近さこそが、奄美の特徴、そして売り物だと思う。

身近さは、危うさを伴う。島内の山という山はかつて、頂上近くまで伐採が進められた。薩摩藩による搾取、あるいは戦後の生活苦に対応するためだ。温暖な気候と豊富な雨のおかげで、すぐに草木が生える。見た目には緑が戻ったように見えるが、森に入れば、若い木ばかりなのに気づく。「原始の森」と紹介されてきた金作原名物の巨大なシダ植物ヒカゲヘゴが、実は伐採後に日当たりの良くなった林道に生え

整備される林道

たと知り、驚いた。遺産の「核心地域」になる場所にも外来種が茂る。ハブの危険はあるものの、比較的、アクセスしやすい森のためだ。

生きるための過去を批判などできないが、今、観光客への「おもてなし」として、自然に手が加えられようとしている。車が通りやすいように林道を広げよう、車上から名所を見るのに邪魔な木は伐採しよう。大型客船のために海岸の大規模開発も必要だ。そんな計画が度々、浮上し、一部はすでに実行されている。

大和村に「奄美フォレストポリス」という自然体験施設がある。湯湾岳の麓にある森にグラウンドやキャンプ場が整備され、子ども向けのカート場もある。「『自然体験』を謳う施設を、森を壊して造る意味が分からない」。地元の人にそう問うと、「島の子だってカートに乗りたいし、グラウンドも欲しい。何がいけないの」と諭された。自然を徹底的に壊し、便利を追求した内地の人間が、島の人にだけ「自然を守って」というのは確かにおかしい。「驚くほど便利」と感じた島の暮らしは、離島というハンディを背負いなが

奄美群島国立公園の誕生を祝う子どもたち

ら、少しでも豊かに暮らせるようにと苦労してきた奄美の先人のお陰だろう。

それでも、この島の自然がこれ以上、失われるのは惜しい。アカショウビンの美声で目覚め、リュウキュウコノハズクの鳴き声で夜を感じる。すぐそばにスーパーがあるのに、見上げれば、満天の星空が広がる。これぐらいがちょうどいい、良すぎる、と思う。

世界遺産ももしかしたら、内地からの押しつけかもしれない。だが、それで島の価値が高まり、自然を守ることで地元の暮らしが良くなる、というサイクルになればいいなと願う。自然にやすらぎを覚える人は少なくない。コロナ禍で、自然豊かな地方への移住が注目されているのはその証しだ。身近な自然を壊してきた内地の人間としては、ありがたく奄美の自然の恩恵に浴する代わりに、せめて、お金を落とすべきだろう。そういう意味で、入島税はあっていいのではないだろうか。

1　自然の権利訴訟

幹回り 5.5 mに及ぶアコウ

隙間から見たアコウの内側

そびえ立つ巨木を見上げながら、男の子が叫んだ。「（奄美の妖怪）ケンムンが住みそうな木だ！」

奄美大島北部、龍郷町の森で 12 月にあった自然観察会。巨木はクワ科のアコウで、ほかの木の上で発芽し、地面に伸ばした気根から水や養分を吸い上げて育つ。「根が元の木に網目状に絡みつき、最後は枯らすから『絞め殺しの木』とも言います」。案内役の常田守さんの説明に、約 30 人の参加者が驚きの表情を浮かべた。

観察したのは、太平洋に面した断崖に近い「市理原（いちりばる）」の森。国天然記念物のアカヒゲやカラスバトの鳴き声が響き、ヘツカリンドウやアリモリソウなど季節の花が咲き誇る。「国内希少種のアマミヤマシギやケナガネズミもいる。ほら、そこ」。常田さんが指をさした足元では、絶滅危惧種のオオバカンアオイの花が開きかけていた。

谷を降りると、兄妹の悲恋伝説が伝わる「じょうごの滝」が現れた。この水系は奄美一の名水とされ、地元の黒糖焼酎メーカーの水源にもなっている。

アコウの巨木と並ぶ見どころは、琉球列島固有種のオキナワウラジロガシ林。板状の根と日本最大のドングリで知られる常緑高木で、戦後の森林伐採で激減。約 100 本が生育する大和村の林は国天然記念物に指定されているが、ここには約 180 本もあり、最も大きな木は幹回り 5.3 mまでに育っていた。

「良い森になってきた。ここを守るために裁判をしたんだよ」。常田さんが感慨深そうに教えてくれた。

この森は 1990 年ごろに島内で浮上

じょうごの滝＝常田守さん撮影

横断幕を持ち、鹿児島地裁に向かう自然の権利訴訟の原告団。左が常田守さん、中央は薗博明さん＝2001年1月、鹿児島市

した二つのゴルフ場建設計画地の一つ。ともに希少生物の生息地を奪うものだとして、自然保護団体のメンバーらが95年、県に開発許可の取り消しを求めて提訴。野生の生態系には本来の姿で存在する権利があるという「自然の権利」を掲げた国内初の訴訟だった。原告の1人だった常田さんはアマミヤマシギの代弁者として法廷に立ち、「生活を脅かさないで」と訴えた。

当時、計画推進派の議員や業者から「自然で飯が食えるか」と批判されたが、「訴訟で関心が高まり、奄美の自然が注目されるようになった」と原告側代理人を務めた籠橋隆明弁護士は振り返る。判決は、直接的な利害関係者に原告を限る従来の判例などに従い、

オキナワウラジロガシの巨木。常田守さんらは20数年前、周辺のオキナワウラジロガシ約180本分の「戸籍簿」を作り、保護を訴えたという＝常田守さん撮影

訴えを門前払いにした。だが、一方で「自然が人間のために存在するとの考え方をこのまま推し進めてよいのか、深刻な環境破壊が進行している今、国民の英知を集めて改めて検討すべき重要な課題だ」と指摘。「自然の権利」という考え方についても、「人や法人の個人的利益の救済を念頭に置いた現行法の枠組みのままでよいのかという問題を提起した」と評価した。

判決が人間中心の権利救済に疑問を投げかけたことは、権利の主体を自然やその代弁者にまで拡大する必要性を示したとも受け取れ、「実質勝訴」との見方もあった。開発計画はその後、景気の悪化などで頓挫。一方、島での自然保護の意識は少しずつ高まり、世界自然遺産を目指す流れにつながった。

2017年3月、奄美群島国立公園が誕生し、世界遺産候補の森の区域も決まった。「ようやくここまで来た。今後は本物の自然を求める客が増え、市理原も十分、魅力的なルートになる」と常田さん。ただ、遺産区域が示されたことで、区域外なら開発はどんどん進めていいとの考えが広まる恐れも感じている。「守ってこそ、自然は価値がある。どうか忘れないで」

（2016年12月11日付）

市理原の森近くの高台からの風景。太平洋（右）と笠利湾に挟まれた奄美大島北部の姿が楽しめる

2　水源の森に産廃計画

産廃処分場建設予定地近くの崎原町内会の水源。右手前は絶滅危惧種のレンギョウエビネ

反対集会で気勢を上げる住民ら

2016年、奄美市名瀬の名瀬勝（なぜがち）の森に産業廃棄物処分場を建設する計画が「再燃」した。島が世界自然遺産を目指す中、業者側は「産廃の適切処理で環境保護に役立つ」と説明。これに対して住民側は「美しい自然と水源が汚される」と訴え、反対運動を展開した。

計画したのは市内の産廃処理業者「三宝開発」（指宿健一郎社長）。16年10月14日、工事を請け負う建設業者とともに、崎原町内会（瀧田龍也会長）を対象に説明会を開いた。

説明によると、産廃処分場はプラスチックやゴム、金属など5品目の廃棄物を埋め立てる安定型で、埋め立ての面積は4万2650㎡、容量は39万7140㎥。業者側は「水源からは離れており、影響はない。念のために十分な対策も行う」と語り、地元の雇用創出にもつながると理解を求めた。これに対し、住民からは「きれいな水や山を汚さないで」といった反対の声が相次いだ。説明会前の町内会の総会では、反対の意思が確認された。

この計画が浮上したのは1993年ごろ。県は99年、三宝開発に対し、廃棄物処理法に基づく設置許可と森林法による林地開発許可を出した。水源地が近くにある町内会や住民の反対で頓挫したいきさつがあるが、許可の効力は16年当時、生きているとされた。

住民らは説明会後、県庁を訪れ、着工を強行しないよう指導することなどを要望。県の担当者は「地元に丁寧に説明するように指導している」などと回答した。業者側は取材に対し、「建設に住民の同意は必要ないが、強引に進めたくはない。（着工は）反対意見も踏まえて検討中」と答えた。

住民らは11月6日、建設阻止を目指す総決起集会を崎原小中学校体育館

予定地近くにいた㊧カラスバトと㊨アマミヤマシギ

「田平の滝」。観光スポットとしても知られる

㊧田平の滝に通じる渓流沿いの木に生い茂るシマオオタニワタリ。奄美の自然を代表するシダ植物㊨アマミイシカワガエル。予定地のすぐそばにいた

で開催。住民や市議、弁護士ら約200人が集まり、業者が計画を断念するまで闘い抜くことを誓った。

集会は地元の崎原町内会と周辺の計9地区の住民からなる古見方地区産廃対策協議会が主催。瀧田会長が「暮らしと自然を守るため反対の機運を盛り上げよう」と訴えた。住民らはその後も反対集会を開き、約1万人分の反対署名を県に提出した。

■滝・希少動植物　自然の「宝庫」

11月の集会前、常田守さんや瀧田会長と処分場予定地周辺を歩いた。

「ウッ、ウー」。道路から予定地を眺めていると、カラスバト（国天然記念物）の鳴き声が響き、ルリカケス（同）が羽ばたいた。そばの森に入ると、幹に穴があいた木が。キツツキの仲間オーストンオオアカゲラ（同）がつついた跡だ。「天然記念物だらけ。過去に伐採があったけど、今は良い森に回復してきている」と常田さん。

町内会の水源では、澄んだ水をせき止めた場所から水道用のパイプが走らせてあった。「私たちはこの水を飲んでいるんですが……」。そう言いながら、瀧田会長はそばの尾根を見上げた。「予定地は尾根の向こう側。森はつながっているのに、汚染を心配しない方がおかしい」。近くには、ツルランとレンギョウエビネの株があった。ともに環境省レッドリストで絶滅危惧Ⅱ類だ。

予定地の下流にある「田平の滝」にも足を運んだ。林道から降りて渓流沿いを歩く。シダ植物シマオオタニワタリが木々に生い茂り、リュウキュウハグロトンボを見つけた。アカヒゲ(同)の鳴き声も聞こえた。滝は迫力十分。観光客を何度も案内したという常田さんは「周辺は立派な自然スポット。開発はもったいない」と表情を曇らせた。

夜、水源近くでアマミイシカワガエルとアマミヤマシギの姿も確認した。ともに種の保存法による「国内希少野生動植物種」。アマミヤマシギは環境省の保護増殖事業の対象種で、同法は土地所有者に「希少種の保存に留意しなければならない」と求めている。「調査の結果、予定地に希少動植物は確認できなかった」。業者側は10月の説明会でこう説明したが、周辺を一日歩いただけで貴重な生き物に出会えた。「調査結果」には大きな疑問を感じた。

追記：住民によると、21年3月時点で、計画推進の動きは見られないという。

（2016年11月6日～17年4月20日付から抜粋）

3　クルーズ船寄港地　開発計画

寄港地開発計画が浮上した龍郷町・西原半島の海岸

奄美大島では2016～19年、2つの大型クルーズ船寄港地開発計画が浮上し、ともに頓挫した。自然保護と観光振興の狭間で、島は揺れ続ける。

■客船の寄港施設、龍郷町長が断念

龍郷町での大型クルーズ船寄港施設開発計画について、徳田康光町長は2016年7月、受け入れ断念を発表した。活性化につながると計画推進の立場だったが、住民や漁協、観光関係者らの反対の声が多く、「推進への合意形成は難しいと判断した」と説明した。

開発を検討したのは米国の大手客船会社ロイヤル・カリビアン・インターナショナル社。同社などによると、計画は芦徳集落（約300人）にある西原半島の海岸に浮桟橋を建設し、15万～22万トン級（乗客3000～5000人）の大型クルーズ船を寄港させる。朝に入港、夕方に出港し、宿泊はしない。寄港中のレジャー施設として、陸側にレストランやプール、滝、日本庭園などを整備する。乗客は中国人富裕層を想定し、3～11月に週2～4回寄港。年間30万人の来島を見込む。投資額は約70億円で、最短で18年の開業を目指す、としていた。

16年6月にあった住民向けの意見交換会では、ジョン・ターセック副社長らが概要を説明。開発時や寄港中の環境保全への配慮と、施設運営のために150～200人を雇用するなどの経済効果を強調。住民からは自然や景観への悪影響を心配し、反対する声が相次いだ。一方で「誘致合戦をするような客船会社が来るのはありがたい」と賛成する住民もおり、徳田町長は席上、「活力ある町であるために企業誘致は不可欠」と賛成の考えを示した。

「龍郷湾を守る会」のメンバーらは計画反対の横断幕を掲げた

これに対して周辺住民らは「龍郷湾を守る会」（西元則吉会長）を発足し、署名集めなどの反対運動を展開。米社が環境保全の取り組みとして地元に説明した「世界自然保護基金（WWF）との連携」について、WWFジャパンが「連携している事実はない」と否定する事態も起きた。徳田町長は断念に転じた理由を「予想以上に反対の声が

寄港地開発が計画された瀬戸内町・西古見地区の海岸

大きかった」とし、再び推進を求める打診があっても「受け入れない」と明言した。

（2016年6月30日～7月20日付から抜粋）

■瀬戸内町も断念　西古見の開発計画

地域振興のために大型クルーズ船寄港地開発の誘致を検討していた瀬戸内町の鎌田愛人（なるひと）町長は2019年8月、「誘致を断念する」と発表した。国が旗を振る新寄港地開発に名乗りをあげる予定だったが、住民の賛否が割れて対立が生じ、住民代表らが効果や課題を検討する協議会から「自然環境や景観の保全」を重視する提言書が出されたのを受けて判断。「住民に不安と混乱を招いた。合意形成が不十分で、住民感情なども含め、受け入れの条件整備が困難との結論に達した」と説明した。

誘致先の候補は、島南西部の西古見（にしこみ）地区にある海岸。世界最大級のクルーズ船が寄港できる桟橋や連絡橋、マリンレジャーなどが楽しめる施設の整備といった大規模開発が想定された。

クルーズ船による外国人客を20年までに500万人に増やす政府の目標を踏まえ、国土交通省が中米カリブ海を参考に新たな寄港地や観光地作りを検討。奄美大島と徳之島をモデルケースとして調査し、17年8月に両島の計9カ所を候補地として公表した中に、西古見地区が含まれていた。瀬戸内町内では別の2地区も候補だったが、町は「国立公園の区域外」「近くに漁場や養殖場がない」などの理由から西古見に絞り、17年12月、県に誘致に向けた支援の要望書を提出した。

反対署名を瀬戸内町に提出する住民ら

これに対して自然や生活環境の悪化を不安視する町内の漁業者や観光関係者などから反対の声が噴出。住民全体への説明がないままに誘致の動きが進められたことへの批判も高まり、町はいったん誘致を白紙化した。

18年10月、賛成と反対両方の立場の住民代表や識者らによる「クルーズ船寄港地に関する検討協議会」を立ち上げ、誘致の課題などを整理。計5回の議論を重ねた協議会から19年8月、「環境保全」「クルーズ客の加計呂麻島入島回避」など7項目の提言書が鎌田町長に出されていた。

クルーズ船などによる観光客急増に伴う自然への悪影響については、奄美大島などの遺産登録「延期」を勧告したユネスコ諮問機関が課題の一つに挙げていた。

（2019年8月24日付）

4　辺野古に土砂　搬出計画

土砂投入から2年を迎える辺野古沖。＝2020年12月、沖縄県名護市、朝日新聞社機から

沖縄県の米軍普天間飛行場（宜野湾市）の名護市辺野古への移設計画を巡り、移設先の埋め立てに必要な土砂を搬出させないよう取り組む全国組織が発足した。搬出が見込まれる地域の環境団体などが2015年5月、奄美大島で初総会を開催。環境保護を旗印に「辺野古反対」で連帯し始めた。

辺野古への土砂搬出に反対する全国組織を結成した会合＝2015年5月

■故郷の自然も破壊

発足したのは「『辺野古土砂搬出反対』全国連絡協議会」。奄美市内のホテルに環境保護などに取り組む西日本のグループや沖縄、鹿児島の県議らが集まり、辺野古移設と本土からの土砂搬出計画の即時撤回を求める決議文を採択した。

沖縄防衛局によると、埋め立てには2062万㎥の海砂や山土などの土砂が必要で、沖縄だけでなく九州や四国など西日本から購入する。このうち、岩を砕いた「岩ズリ」は県内外から1644万㎥を調達する計画だ。これに対し、協議会の臨時共同代表に就いた「環瀬戸内海会議」代表の阿部悦子さんは「辺野古移設は自分たちの故郷の自然破壊にもつながる」と指摘する。

大雨で採石場で崩落した土砂が流れ込み、通行止めになった道路＝2015年4月、奄美市の市集落

「奄美の森を壊した土砂で、沖縄の海を埋め立てるなんて許されない」。

稼働中の採石場がある奄美市・市（いち）集落の田川一郎区長は辺野古への土砂搬出に反対する。地元の山での採石に抗議を続けてきた。茶色い岩肌が目立つ山。集落まで響く岩を砕く音。頻繁に行き交うダンプカー。アマミノクロウサギの姿は減り、山から流れ込む赤土のせいか、海では伊勢エビが取れなくなったという。奄美と沖縄が世界自然遺産登録を目指すことに触れ、「世界遺産が、聞いてあきれる」と切り捨てた。

稼働が再開した大和村の採石場＝2019年8月

初総会では、各地の出席者が意見を述べた。瀬戸内海の保全活動を続ける「播磨灘を守る会」（兵庫県）の青木敬介・代表世話人は「採石で海が汚される姿を見てきた。今度も同じ被害が各地で起きかねない」。土砂持ち込みが外来種移入など生態系に悪影響をもたらす可能性にも触れた。「門司の環境を考える会」（北九州市）の八記久美子事務局長は地元で搬出反対の運動を広げる計画という。柳誠子・鹿児島県議は、採石や土砂搬出が遺産登録に悪影響を及ぼしかねない、と指摘。仲村未央・沖縄県議は「全国と連帯し、移設を食い止めたい」と語った。

■業者、特需に期待も

「辺野古特需」はあるのか。調達候補地の採石業者の受け止めは様々だ。

「朗報だ」。奄美大島のある砕石業者は喜ぶ。島には約530万㎥の岩ズリの蓄えがあるとされた。奄美大島では港湾や空港など大型工事が一通り終わったと言われ、業者は「たまっていた岩ズリが活用できる。新たに山を削らずに済み、雇用にもつながる」。

「ビジネスチャンス。業者によっては売り上げの何割も占める額になる」。熊本県砕石業協同組合連合会の担当理事は「まだ絵に描いた餅」と言葉を選びながら、期待感を隠さない。熊本では天草市の御所浦島が候補地。数年前に防衛省から打診があった。長崎県五島市の離島で採石する市内の業者は「石屋だから石を売ってなんぼ。辺野古だからどうとかではなく、求められれば出す」。地元で反対の声は聞かれないという。鹿児島県南大隅町の佐多辺塚地区には15年に採石業者が訪れた。関係者によると、自治会長らに「沖縄の埋め立て計画で大量の石を必要としている。地域や町に多大な経済効果をもたらす」などと説明したという。

慎重な声もある。香川県の小豆島の採石業者は「辺野古までは遠距離なので、岩ズリの単価も高くなる。無理をしてやるほどの仕事ではない」。北九州市門司区や山口県内の島で採石する業者は、北九州空港の拡張工事など地元で大口需要が見込まれることを理由に「他県に回す余裕はない」と話した。

（2014年11月14日～15年6月1日付から抜粋）

追記：政府は18年12月、辺野古埋め立てのための土砂投入を開始。防衛省によると、21年1月末時点で必要な全土砂量の4.3％の約89万2000㎥を投入した。ただ、北側海域に軟弱地盤が見つかり、同省は20年4月、沖縄県に地盤改良のための設計変更を申請。同県の承認を受けなければ北側の埋め立てが進められない状況になった。この申請書では、岩ズリの採取場所として、従来の奄美大島や徳之島などに加え、北薩や南薩、姶良伊佐など鹿児島県内の複数地区が示されている。

5 「聖地」湯湾岳に鉄塔

内閣府の無線中継所。この周辺に防衛省の鉄塔2基が建てられる

希少種の宝庫で、奄美大島の開祖シニレク、アマミコが降り立ったとされる霊峰・湯湾岳（694 m）。世界遺産候補地もある、その森のすぐそばで、防衛省が通信施設の建設を計画していることが2015年、明らかになった。「島の聖地。遺産登録にも影響が出かねない」。島内外の自然保護関係者から強い反対の声が上がった。

■「重要すぎる」場所

当初の予定地は、大和村と宇検村にまたがる湯湾岳の山頂から約1㎞の大和村有地（約3500㎡）。内閣府沖縄総合事務局の無線中継所がある場所の北側に隣接する。防衛省によると、九州～沖縄間の通信を中継する施設として、高さ約50 mと約25 mの鉄塔2基と通信機材を入れる局舎を建設。島北部の航空自衛隊奄美大島分屯基地にある既存の施設とあわせて通信を「複ルート化」し、災害時などでも確実に情報伝達ができるようにするという。

一方、湯湾岳周辺の遺産候補地は、奄美群島国立公園の中で最も規制が強い「特別保護地区（特保）」とその次に規制が強い「第1種特別地域」。建設予定地は「第2種特別地域」で、推薦地を守る緩衝地帯という位置づけ。環境省によると、2種でも野生動植物の重要な生息地では工作物の建設は原則禁止だが、公益性があり、代替地がない場合は認めることもある。

航空幕僚監部広報室は、推薦地の外で、内閣府の施設もすでにある予定地は「通信環境や自然への負荷などを考慮した上での最適地」と説明。16～17年度に調査工事や機材費など計約29億円の予算を組み、動植物の生息状況調査や設計業務などの完了後に着工。完成は19年度末予定としていた。

自然保護に関わる地元6団体は15年、建設断念を求める申入書を国に提出。さらに、遺産登録に向けて国に助言する「奄美大島、徳之島、沖縄島北部及び西表島世界自然遺産候補地科学委員会」のメンバーも17～18年にかけ、懸念の声を上げた。その1人で森

ココゴメキノエラン

㊧トクサラン㊥フジノカンアオイ㊨アマミエビネ

林総合研究所の山田文雄・特任研究員は「保護を徹底する約束で遺産登録を（ユネスコに）お願いしている。環境や登録への影響が心配」。東大医科学研究所の服部正策・特任研究員も「予定地は特保のすぐ横で、重要すぎる場所。別の所にしてほしい」と訴えた。

■絶滅危惧種次々、周辺を歩く

予定地そばの森を17年11月、服部さんに案内してもらった。

林道脇から入ると、アカヒゲの美声が響いた。周辺ではこの種を含め、島に生息する国天然記念物の野鳥全5種が観察できる。樹上には奄美を代表するシダ植物シマオオタニワタリが茂り、足元には固有種アマミエビネの姿が。環境省レッドリストで絶滅の恐れが最も高い「絶滅危惧ＩＡ類」のランだ。

「あそこ、すごいよ」。服部さんが興奮気味に指さした木の幹には、コゴメキノエランが5株以上もぶら下がっていた。種の保存法に基づく国内希少野生動植物種の一つで、これもＩＡ類。ツルランにカシノキラン、トクサラン、フジノカンアオイ――。珍しい植物を次々と確認できた。

1時間後。急に開けた視界の先に内閣府の無線中継所が現れた。そびえ立つ鉄塔は高さ約36ｍ。すぐ横が防衛省の通信所予定地で、約50ｍの鉄塔が建設される計画だ。

服部さんは17年春、防衛省の環境調査を担う民間業者から相談を受け、普段は立ち入り禁止の予定地内に入った。カンアオイ類などの希少植物に加え、アマミノクロウサギの大量のふんを確認した。建設の悪影響を心配する服部さんは、代替地の提案も行った。

湯湾岳には世界でオンリーワンの自然がある。その価値を知る関係者の声に、耳を傾けて欲しいと感じた。

（2015年9月22日～18年2月27日付から抜粋、一部加筆）

追記：反対の声が相次いだ後、施設整備地は、当初予定地の隣にある既存の無線中継所内に変更された。開発済みの土地との見方もあるが、自然保護関係者が「聖地」と口をそろえる森に、新たな鉄塔がそびえたつことになる。航空幕僚監部広報室によると、施設整備は22年度に完了予定という。

予定地近くにいたアマミノクロウサギ

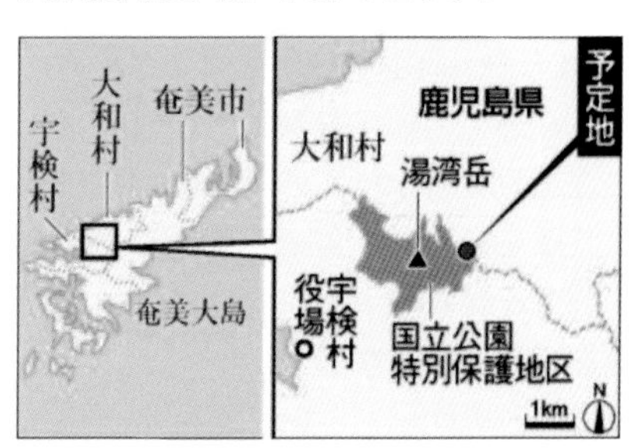

通信施設の建設予定地

6　希少種生息地に陸自施設

瀬戸内分屯地の建設が進められた節子地区の森＝ 2017 年 8 月、朝日新聞社ヘリから

2019 年 3 月 26 日、陸上自衛隊の 2 施設が奄美大島に開設された。奄美駐屯地（奄美市名瀬大熊）と瀬戸内分屯地（瀬戸内町節子）で、本土と沖縄間の陸自部隊の空白地域解消や南西諸島の防衛力充実が目的とされる。奄美駐屯地には警備部隊や地対空誘導ミサイル部隊などの約 350 人、瀬戸内分屯地にも警備部隊と地対艦ミサイル部隊などの約 210 人が配置された。奄美駐屯地は民間ゴルフ場の一部、瀬戸内分屯地は瀬戸内町の町有地だった。開設前の 14 年秋～ 15 年春、常田守さんらの協力を得て、節子地区の町有地と周辺の森を数カ月かけて歩き、希少種の生息状況を探った。町有地については町の許可を得た。

■あちこちに希少種

「ウーッゥウー」「キョロンピィー」。森に入ると、国の天然記念物ルリカケスやアカヒゲ、カラスバト、オオトラツグミなどの鳥の鳴き声が聞こえた。

町有地には旧豚舎などがあり、そこを取り巻くようにシイやカシなどの常緑樹林が広がる。奄美独特の生き物を育む森だ。樹上からコツコツと木をたたく音がした。奄美大島にしかいない固有亜種のオーストンオオアカゲラだ。近くに同じキツツキの仲間、アマミコゲラの姿も。木の幹では絶滅危惧種のオキナワキノボリトカゲが休憩中。激減した絶滅危惧種のツルランの群生地もあった。夜の林道では、アマミノクロウサギやアマミヤマシギも見られた。

雨の夜には、島の固有種アマミイシカワガエルが現れた。黄緑の体に黒や金の斑点があり、「日本一美しいカエル」といわれる。「クオッ」という鳴き声に特徴がある鹿児島県の天然記念

ルリカケス

アマミイシカワガエル

オットンガエル

㊧ツルラン㊨リュウキュウコノハズク

㊧リュウキュウズアカアオバト㊨アマミコゲラ

㊧アオバズクの仲間㊨オキナワキノボリトカゲ

㊧アマミノクロウサギ㊨オーストンオオアカゲラ

㊤アマミヤマシギ
㊦ハブ

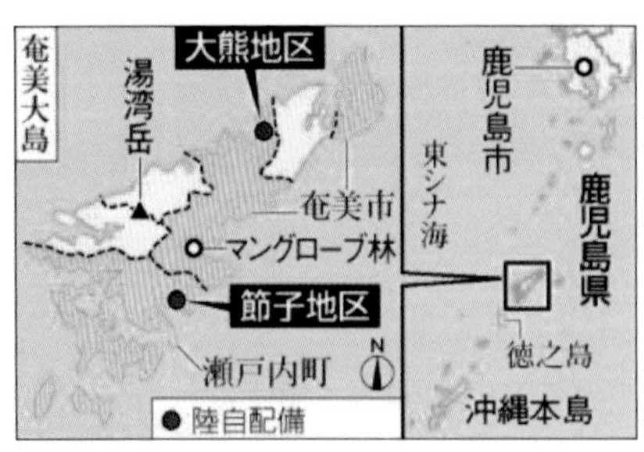

陸自施設の配置図

天然記念物 (国指定は国、県指定は県)
アマミノクロウサギ(国、特別)
オーストンオオアカゲラ(国)
ルリカケス(国)
カラスバト(国)
アカヒゲ(国)
オオトラツグミ(国)
アマミイシカワガエル(県)
オットンガエル(県)
環境省のレッドリスト掲載種 (天然記念物は除く)
アマミヤマシギ
ツルラン
オキナワキノボリトカゲ

節子地区周辺でみられた主な動植物

物オットンガエルもあちこちで鳴いていた。アマミノクロウサギ、アマミヤマシギ、オオトラツグミは環境省などによる保護増殖事業の対象種。同省の現地事務所は「いずれも奄美が世界遺産たりうる価値を体現する種」という。奄美駐屯地周辺でも同時期、ルリカケスやアカヒゲ、アマミイシカワガエルなどを確認できた。

■陸自と共存、世界遺産へ課題

奄美大島の自然は17年、奄美群島国立公園に指定された。遺産登録に向けて保護態勢を確立するためで、政府は国立公園の重要区域を遺産の候補地とした。節子地区周辺には国立公園に指定された区域もあるが、陸自予定地

整備前の節子地区。古い建物は旧豚舎＝ 2014 年 10 月

瀬戸内分屯地として整備された＝ 2019 年 3 月

はすっぽりと指定地から抜け落ちた。

瀬戸内町や奄美市は観光振興などのために世界遺産をめざす一方、過疎化対策や防災強化も期待して陸自配備を歓迎。房克臣町長と朝山毅市長は「部隊配備と遺産登録はすみ分けできる」と口をそろえた。特に瀬戸内町は官民挙げて陸自の誘致活動をしてきた。配備予定地選びにも協力し、希少種への影響も考慮して開発済みの場所を選んだとする。希少種は遺産の登録区域内でしっかり守る、との考え方という。

これに対し、NPO「環境ネットワーク奄美」代表の薗博明さんは「遺産登録をめざす以上、周辺の自然を守る意識も問われる」と指摘。薗さんは90年代からアマミノクロウサギなどを原告にして県にゴルフ場開発許可の取り消しを求めた訴訟の原告の1人。陸自配備で「開発に逆戻りだ」と嘆いた。

環境省によると、絶滅危惧種の最大の減少要因は開発行為という。同省の

自然公園指導員でもある常田さんは「貴重な生き物の数が減ってからでは遅い。生き物は宝か、開発の邪魔か。島の姿勢が問われる」と話す。

防衛省大臣官房広報課は希少種への対応について「今後行う（配備の）基本構想業務の中で具体的な検討を行い、必要に応じて関係法令に従い、適切に対処する」としている。

（2015年3月2日付）

追記：地元住民らは17年～20年、陸自2施設や瀬戸内分屯地の弾薬庫の建設差し止めを求める仮処分申請を鹿児島地裁に申し立てたが、いずれも却下。駐屯地は有事の際に攻撃目標となり、憲法が保障する「平和的生存権」が侵害され、島の自然も破壊されるなどと訴えたが、認められなかった。

陸自施設の建設差し止めを申し立てるため、鹿児島地裁名瀬支部に入る住民ら＝2017年4月

奄美駐屯地で公開された装備＝2019年3月

瀬戸内分屯地の完成を祝う住民と自衛隊員ら

奄美駐屯地の隊員らによるパレード＝2019年3月

日米共同訓練のため、奄美駐屯地に降りた米軍ヘリ＝2019年9月

7　近づく根絶　マングース

フイリマングース＝環境省提供

奄美大島で希少動物を襲う外来生物フイリマングースの駆除が進んでいる。捕獲のプロ集団「奄美マングースバスターズ」らの活躍で、推定生息数は10匹以下と、ピーク時の1000分の1に。切り札の探索犬も増強し、世界でも珍しい「根絶」が近づく。

■生息 10匹以下に

奄美大島にマングースが放たれたのは40年以上前。ハブやネズミの駆除が目的だったが、昼行性のマングースが夜行性のハブと出合うことはあまりなかった。マングースが代わりにエサにしたのが、アマミノクロウサギやケナガネズミなど在来の希少動物。「貴重な生き物が絶滅する」。自然保護関係者の指摘を受け、駆除が始まった。当初は1匹あたり数千円を民間人に払うかたちで進めたが、根絶には、計画的な捕獲が不可欠。そこで05年度、環境省の委託を受けた専従12人の「奄美マングースバスターズ」が発足し、活動を始めた。隊員らは島全域に約3万個のワナを張りめぐらせ、最初の2年間で約5300匹を捕獲。これまでの累計捕獲数は民間も含め3万2000匹を超えた。ピークの00年に1万匹と推定されていた生息数は20年時点で10匹以下とされる。

■「バスターズ」活躍

バスターズの隊員は21年3月時点で35人。林業や地籍調査など山に入る仕事に就いていた人もいれば、飲食業から転じた人も。隊員は毎朝8時過ぎ、奄美市の事務所などで担当区域を地図で確認し、島各地へ散る。任務は、森の奥深くまで設置したワナのチェックだ。隊員の福留隆行さんも市内の森へ。木に巻いたピンク色のテープを目印に、鎌でやぶをはらい、毒蛇ハブがいないかを確かめながら進む。「本当に危ないからね」と福留さん。14年6月には仲間の1人がハブにかまれて入院した。単独行動のため、万一の際も助けてもらえる場所まで自力で歩くしかない。ハブ対策の強化樹脂製の長靴と、イノシシを狙う猟師に撃たれないための鈴は欠かせない。ダニやブヨ、豪雨後の土砂崩れ、夏の熱中症……。危険と隣り合わせの亜熱帯の森で、塩化ビニール管のワナを1日60個ほど

森の中でワナをチェックする奄美マングースバスターズの隊員

第6章・開発と保護

確認する。福留さんは「マングースはめったに捕れなくなった。活動の成果です」と笑った。環境省によると、06年度までは毎年2000匹以上を捕獲していたが、14年度からは100匹を下回り、17年度は10匹。18年4月の1匹以降、21年3月末までは捕獲がない状況が続く。隊員は捕獲と並行し、希少動物の回復状況も調べている。担当の山室一樹さんは「多くの種で回復傾向がみられる」と喜ぶ。

■探索犬導入、根絶めざす

目標の「根絶」に向けては課題も残る。一つはワナにかからない個体や、ワナが置けない断崖などに生息する個体の存在だ。さらに難しいのは根絶の確認。少しでも残せばまた繁殖し、いたちごっこになりかねない。「切り札」と期待されるのが探索犬だ。08年度にテリア系の「生体探索犬」3頭を導入。狩猟を好む犬種で、生きた個体を探して追いつめる。12年度からは「糞探索犬」のジャーマンシェパード1頭も育てる。糞のにおいをかぎ取り、周辺に生き残りがいないかを確認してくれる。14年度に捕獲した71匹のうち、探索犬による捕獲が32匹。生息数が

マングースの探索犬

情報提供を呼びかけるマグネット＝環境省提供

減り、ワナ捕獲が難しくなる中で重要性は高まる。15年度は6頭が新たに現場に出た。探索犬先進地ニュージーランドの専門家で、訓練指導をしたスコット・テオボルトさんは「アマミの取り組みは素晴らしい。探索犬の活躍に期待している」と話す。

環境省によると、マングースは海外の島にも持ち込まれて問題になっているが、根絶に成功したのは面積4㎢以下の小さな島だけ。奄美大島は712㎢もある。北海道大大学院の池田透教授（保全生態学）は「根絶となれば、事実上、世界初の快挙。アライグマなどほかの外来生物対策の参考にもなる」と評価する。ただ、奄美大島での駆除に投じられた公費は約20億円以上。自然保護関係者は「生態系を一度崩すと、大変なコストがかかることも覚えておくべきだ」と口をそろえる。

（2015年10月3日付）

追記：環境省は21年度から根絶を確認する計画に移行した。わなと探索犬による捕獲態勢は維持しつつ、わなは徐々に減らす。自動撮影カメラの映像や探索犬などで生息が確認された場合は、その地点で集中的に捕獲を行う。根絶の確率を示す手法を22年度までに定める。島民や来島者に目撃情報の提供も呼びかけている。

8　増える保護活動　変わる意識

緩衝地帯となるミカン畑で、環境省の千葉康人専門官（右）から説明を受ける元井孝信さん

「自然で飯が食えるか」。環境保護を訴えると、奄美大島ではかつて、そんな批判を浴び、行政も開発を支えてきた。開発計画は今も見え隠れするが、官民一体の保護活動も増え始めた。

■集落が遺産の緩衝地帯に

奄美・沖縄の世界自然遺産登録に向けて政府は2019年2月、ユネスコに推薦書を再提出した。18年の「登録延期」勧告を受け、推薦地の範囲や保全対策などを修正。推薦地を守る「緩衝地帯」に奄美市住用町を流れる役勝川沿いの3集落をほぼ丸ごと編入する試みも盛り込んだ。住民の協力による新たな保全対策として注目される。

「特産のミカンがおいしく育つのは自然のお陰。保全に協力したい」

役勝川沿いに自宅や農地があるミカン農家の元井孝信さんは話す。緩衝地帯は推薦地の周囲に設ける利用制限区域。遺産そのものにはならないが、近年は登録の重要条件とされる。今回編入したのは、元井さんも含めた約150人（79世帯）が住み、住宅や農地が並ぶ計3集落の約83ha。両岸の近くに推薦地の森が広がっており、その間にある集落を緩衝地帯にすることで保全の強化につなげる狙いがある。「多くの住民が暮らす地域を緩衝地帯にするのは国内初の試み」と環境省。

3集落は奄美群島国立公園の中で規制が最も緩い普通地域。緩衝地帯になっても法的規制に変化はないが、今後は外来種駆除や希少種保護などの活動に住民の協力を求め、大規模開発は控えてもらう。同省は住民説明会を開き、区長を含めておおむねの了解を得た。

「遺産を守る農地で育てたミカンはブランド化も可能で、集落にメリットもある」と元井さん。同省の千葉康人・世界自然遺産調整専門官は「人の生活圏と自然が近い奄美ならではの取り組み。遺産登録と保全強化に向け、住民との連携を深めたい」とする。

20年9月には役勝地区の住民ら約40人が、国道58号沿いに生い茂る外来植物の駆除活動に参加した。ムラサキカッコウアザミやセイタカアワダチ

外来植物を抜き取る役勝地区の住民ら

宇検村が行ったハイビスカスの駆除＝環境省提供

ソウといった外来種を、根や葉、茎をその場に残さないように取り除き、ゴミ袋に詰め込んだ。約1時間で軽トラック5台分。中役勝集落の川井友子区長は「外来植物をちょっとでも増やさないようにしていきたい」。19年9月に奄美市であった特定外来生物ツルヒヨドリの除去作業には、島の建設業者が協力している。

■ハイビスカスも伐採

外来種の侵入や希少種の盗採掘の防止に向けた動きはほかにも。島では19年、固有種のカエルを違法に捕獲した容疑で逮捕者が出て、密猟や不審者などの情報も急増。「悪質事案が増え、対策が急務」と千葉専門官。パトロールを増やし、密輸を防ごうと空港関係者が希少種を見分ける研修会を開くなど対策が強化された。

宇検村は19年7月、遺産候補地につながる林道に植えたハイビスカス約800本を伐採した。ユネスコの諮問機関から、在来植物への悪影響が懸念される外来種と指摘されたためだ。住民に親しまれた村の花だが、元山公知村長は「懸念材料を消したかった」。

遺産登録に向けて注目度が高まる中、観光客増加による自然への悪影響も心配される。奄美大島では19年2月から観光地で遺産候補地の金作原国有林道で、徳之島では7月から希少種が多い林道の山クビリ線で、認定ガイドの同行などを求める試みが始まった。

希少種の宝庫、湯湾岳をはじめ、観光客による踏み荒らしなどが懸念される場所も。自然が劣化すれば、観光地の魅力も下がる。奄美大島エコツアーガイド連絡協議会の喜島浩介会長は

鹿児島県が作成した駆除マニュアル。外来種の特徴や影響、駆除のポイントをまとめている

「管理の仕組みをもっと整えないと」。

鹿児島県は19年、奄美大島と徳之島の生態系を脅かす外来種の駆除マニュアルを初めて作り、県ウェブサイトでの公開を始めた。両島で活発化する駆除活動を効果的に実施してもらおうとの狙い。ポトスやムラサキカッコウアザミなど、住民に身近で駆除の効果が出やすい5種類を選んだ。駆除はやり方を誤ると、かえって分布を広げる恐れもあるため、イラスト付きで正しい手法を紹介した。他の外来種も必要に応じて追加を検討する。羽井佐幸宏・県自然保護課長は「外来種対策は住民の主体的な活動なしには進まない。ぜひ協力を」と呼びかける。

（2019年2月5日～20年9月30日付から抜粋）

9 「自然楽しんで」 常田守さん授業

住用中での特別授業。周辺の中学生たちが参加した。

次代を担う子どもたちに奄美の素晴らしさを伝えたい——。そう話す常田守さんは、各地の観察会や講演会で講師役を務めてきた。魅力を知ってもらうことが、自然を守る第一歩につながる、との思いからだ。その中から、奄美市立住用中学校での特別授業（2020年12月17日）の内容を紹介する。

■世界に誇れる島

いよいよ世界自然遺産。どうやって決まるかというと、IUCN（国際自然保護連合）という組織の専門家が調べて、ユネスコに「遺産に値するかどうか」を伝える。そのIUCNの人たちが2回、島に調査で訪れましたが、2回とも案内しました。おじちゃんは40年、島の生き物を探して、見て、記録するフィールドワークをやっていて、どこに何があるかはだいたい、分かっているから。奄美大島は、地球上でここにしかいない生き物だらけ。宝物がいっぱいの「世界に誇れる島」に、皆さんは住んでいる。もし遺産にならなかったら、どこに目をつけているんだ、と思っちゃう。

では島の成り立ちから。奄美大島はもともと、ユーラシア大陸の一部だった。それが地殻変動で島になった。徳之島も沖縄本島も西表島も同じ。だから4島で一緒に遺産を目指すんだけど、4島では、すんでいる動物や植物に違いがある。大陸から離れた時期が違ったり、またつながったりしたためだ。かつては大陸にいて、今は絶滅した生き物が、4島には今も生きている。それで、人類共通の宝だ、遺産にしよう、ということです。奄美は「東洋のガラパゴス」といわれるけど、これは間違い。ガラパゴス諸島は火山活動でできた「火山島」で、奄美は大陸から離れた「陸島」だからね。

じゃあ、自然を見てみましょう。河原を歩くと、小さな黒いかたまりが落ちています。アマミノクロウサギの糞です。隠れる場所じゃない、いわゆるオープンスペースで糞をする。なぜか。島で一番怖い生き物ってなんですか？　そう、ハブね。襲われたら、死ぬ。だから見晴らしの良い場所を選ぶ。おじちゃんはこの間、ハブと遊んできた。威嚇してくるから、「いいねえ」って撮影してね。それができたのは路上で、こっちが先に発見できたから。足元がみえないような茂みは本当に怖い。どこに潜んでいるか、分からないからね。

クロウサギの体の特徴は、脚が短い、耳も短い。なぜか。ハブはいるけど、ほかには強い捕食動物がいないからなんです。ワシやタカ、キツネ、オオカ

第6章・開発と保護

ミとかがいない。スピードを出して逃げる必要がないから、脚が短いままですんだ。耳には血管が走っていて、体温があまり上がらないような役割もあるけど、これも短いままですんだ。つまり、大陸にいたころのまま、進化をしていない。だから「生きた化石」と呼ばれています。大陸にいた仲間は絶滅している。もしも地殻変動のタイミングが違っていて、奄美大島と西表島がつながっていたら、クロウサギも絶滅していたかもしれない。イリオモテヤマネコに襲われてね。

でも今、マングースやネコ、イヌが新たな脅威になっている。いずれも人が持ち込んだ生き物で、マングースとネコは捕獲を進めています。大事な取り組みだけど、元の森に戻しているだけ、ともいえる。もう一つ、ロードキルという脅威もある。クロウサギはエサの植物を食べたり、ふんをしたりするために路上に現れる。道路脇は光が届くからフレッシュな植物が生えているからね。そこを車が通って、ひいてしまう。保護対策をとる前に、見学ツアーの車が増えたので、どんどんひかれている。天然記念物のケナガネズミ

アマミノクロウサギの特徴を紹介する常田守さん

やアマミトゲネズミ、希少なカエル、ヘビもかなりの数が車の犠牲になっている。そんな現実もある。

ケナガネズミは、すごくかわいい。リスみたいでね。奄美大島と徳之島、やんばる（沖縄本島北部）にしかいない珍獣。体長25～30㎝で、日本で一番大きなネズミ。名前の通り、長い毛が生えています。徳之島ややんばるで見るのは難しいけど、住用だと1晩で10匹見られることもある。すごいよ、皆さんが住む場所は。世界中から撮影に来るんだから。

アマミトゲネズミは奄美大島にしかいない珍獣。体長10～15㎝で、体毛がトゲ状。徳之島にはトクノシマトゲネズミ、沖縄にはオキナワトゲネズミがいて、以前は同じ種とされたけど、研究が進んで、遺伝子が違う別種と分かった。それぞれの島で進化をとげたんだね。特徴はジャンプ。最大で40㎝ともいわれる。助走なしで忍者みたいにピョンピョン跳ぶ。これもハブから身を守るためと言われています。

「日本一美しい」と呼ばれるカエルもいます。奄美大島だけに生息するアマミイシカワガエル。緑の体に金色と茶色のしずくを落としたような模様がある。苔がついた渓流の岩で繁殖するけど、身を守るために、そんな色に進化したんですね。鳴き声もきれいで、ケロケロではなく、「キョーッ」と鳴きます。オスがメスを呼ぶためで、水が流れる音に消されないように、甲高い音で鳴く。岩の隙間なんかで卵を産むけど、岩をひっくりかえしたりはできないので、一つひとつ、のぞいて、

生徒たちは生き物の特徴をメモにした

アマミカタバミ

やっとのことで見つける。水のきれいな場所じゃないとダメだから、川の環境も大切。彼らは繁殖が終わると、身を守るために木洞なんかに隠れる。公衆トイレやパイプとかの人工物にも。

オットンガエルも面白い。「オットン」は大きいの意味で、体長約14cm。カエルの前脚の指は4本が普通だけど、5本目がある。繁殖用の巣穴も掘る。私が見たときはオスが後ろ脚で蹴るようにして回りながら、穴を掘っていた。そこで鳴いてメスを呼ぶ。カエルは交尾をせず、抱接といって、メスが産んだ卵にオスが精子をかける。何日も通って、時には徹夜して、粘って粘って、やっとみられる。そうやって生態をつかむんです。その卵、カニに食べられちゃうこともあるけど、敵討ちというか、オットンガエルがカニを食べることもある。お互いに食べて、食べられる。アマミハナサキガエルやアマミアカガエルもいる。みんな「アマミ」が名前につく、すごいね。

アマミエビネも地球上で奄美大島だけに自生する花。でも綺麗な株はどんどん盗まれてしまう。アマミイシカワガエルも密猟者が19年に逮捕された。リュウキュウスズカケは一度、絶滅したとされたけど、奄美大島には残っていると分かった。でも、道路管理で雑草と一緒に切られて、数が減った場所もある。「この島だけ」という生き物がいるのは素晴らしいけど、地球レベルの宝だから、守る責任もある。だからパトロールをしている。

渓流沿いには、黄色いアマミカタバミが咲いています。自生地は奄美大島だけ、と言われていたけど、オーストラリアとニュージーランドでも見つかった。遺伝子が同じだそうです。何でそんな離れたところに？という不思議さがある。皆さんが解明してくださいね。ちゃんと調べたら、世界的に評価される研究対象が島にはいっぱいあるよ。この花も盗まれて、さらに2010年の奄美豪雨の被害で激減した。ところが最近、以前より上流に自生地が広がり、数が増えたのが分かった。水害で水位が上がって、種が運ばれたのでしょう。水害は破壊をもたらすし、人命はもちろん第一に守らないといけない。でも、創世の準備という側面もあるんだね。

奥深い渓流沿いには、アマミスミレやアマミデンダもあります。これも奄美大島だけ。アマミアワゴケは1990年代に山下弘さんが見つけた新種。これも本当に数が少なくて、今の自生地から消えたら、本当に地球上から消える。奄美の川には、沖縄では絶滅したリュウキュウアユがいるけど、放流し

アカハラダカの観察会。奄美市立崎原小中学校の子どもたちを対象に、常田守さん（右）が毎年実施している＝ 2018 年 9 月

たコイが卵や稚魚を食べてしまっている。コイは外来種なのに、一時期、放流していたんですね。今はこれも捕獲が進んでいます。リュウキュウアユについては、住用町と宇検村のでは遺伝子に違いがあり、別種かもしれないとの指摘があります。つまり、スミヨウアユ、ウケンアユとなる可能性がある。一方で、本当のリュウキュウアユ、つまり沖縄のアユはすでに地球上から滅んだのかもしれない、とも考えられる。奄美は「宝物だらけ」と説明しましたが、それは「遺伝子の宝庫」という意味でもある。新種の発見も続いている。だから、壊していい場所なんて、この島にはないんです。

大好きな野鳥も少し説明させてね。ルリカケスは体長約 38㎝。世界的な珍鳥です。青い羽根がかつて、帽子飾りとしてヨーロッパに輸出され、そのために乱獲され、数が減ったことがあった。保護が進んで、今は絶滅の心配はなくなりました。アカヒゲは学校の近くでも鳴いているでしょ。学名（の一部）は「コマドリ」で、コマドリの学名は「アカヒゲ」。違う種なのに、学者さんが標本を取り違えた。でも見た目も鳴き声も本当に美しい。

奄美大島だけのオオトラツグミは、以前は生息数が 100 羽切るかも、と心配されました。原因は森林伐採。今は数が回復してきて、分布域が広がった。「キョロンピリンキョロン」と美しい声で鳴きます。英名は「Amami Thrush」とアマミがつく。これも世界中からバードウォッチャーが見にきます。親鳥がヒナにミミズを与える姿を撮影したことがあります。「ミミズ」もキーワードの一つです。なぜか。森が元の姿に戻っていくと、落ち葉が多いので、林床が豊かになる。土壌も豊かになるとミミズも微生物も菌も増える。ミミズは色んな生き物のエサになるんです。世界遺産を目指すために、森を国立公園にしましたが、意義はここにあります。森を守るというのは、こうした生態系を守ること。

島の森の真ん中に「中央林道」という道が走っています。以前、これを舗

中央林道。開発の危機から逃れた

中央林道から見える新緑の森

装する計画があって、止めようと一生懸命に動きました。入り口の名瀬市(今の奄美市)は耳を貸してくれず、反対側の宇検村にお願いにいった。そしたら当時の村長が「将来の奄美のためにはどうしたらいい?」と質問してくれた。「(舗装を)止めて下さい」と答えると、「分かった」と。舗装すると森が分断されるので、環境保護に厳しい目を持つヨーロッパ人は世界遺産とは認めてくれない。舗装しないから「登録を目指せるぞ」となったんです。

探し回ったけど、奄美には原生林はありません。どこも一度は伐採されている。一番古い森でも200年ぐらい。森に入ると、若い木が多いんです。でも国立公園になったところは今後、半永久的に残る。これはすごいこと。そうやって失われかけた自然を守り、一度は壊されたところが元に戻りつつあるのが今の奄美大島。ずっと守るため、遺産にしないといけない。広い視点でみると、奄美だけの、鹿児島だけの、日本だけの宝ではない。人類共通の宝がたくさんある。それが奄美大島であり、徳之島。もちろん沖縄も。

住用町では、今日、説明したような珍しい生き物をたくさん見ることができます。根っこの回りが38 mもあるガジュマル、落差が約100 mという「タンギョの滝」、マングローブ林もある。みんな日本最大級です。すごい場所に住んでいる、皆さんは。ぜひ楽しんで下さい。

マングローブ林で常田守さんが実施した観察会＝2019年6月

おわりに

「奄美、行ってみたいですねえ」。内地（本土）に戻り、島に住んでいたと告げると、多くの人が興味を示してくれる。コロナ禍の状況を見据えながら、となってしまうが、ぜひ訪れてほしい。本書は森に特化したが、文化、食、海、そして人、いずれも魅力たっぷり。365日24時間、いつでも楽しみが見つかる島だと思う。その紹介は、数多ある島をテーマにした書籍やウェブサイトに譲り、奄美との「馴れ初め」について少し触れておきたい。

出会いは、鹿児島市の総局で記者2年目だった2000年に遡る。希少種の森にゴルフ場を造る計画に反対する「自然の権利訴訟」（01年に鹿児島地裁判決）を担当したが、役割は法理論の整理ばかり。島に渡って生きものを取材する機会がないまま鹿児島を離れ、「本物を見たい」と勤務希望地に奄美を挙げてきた。十数年越しの念願が叶い、14年4月に着任した島で案内役となってくれたのが、かつての訴訟取材でもお世話になった常田守さんだった。

年300回前後は森に入るという「現場主義」の常田さんの指導で、森通いを続けた。奄美群島を飛び回る通常取材の合間を縫い、週1ペースで5年超。計250回ぐらいの計算になるが、全く時間が足りなかった。多様性の島は、撮影すべき被写体が多すぎる。年に数日しか撮影チャンスのない生きものや風景も多く、撮り逃すと「また来年」となってしまう。シコウランにクスクスラン、マルダイコクコガネ、幻のコウモリ――。この目で見ていない生きものが山ほど残っている。自然が守られ、また探しに行きたい、叶うならば、島で暮らせたらいいな、と願っている。

この場を借りて、お世話になった方々への感謝も記しておきたい。

服部正策さん（東大医科学研究所、当時）には自然全般、水田拓さん（山階鳥類研究所）には野鳥について教えてもらった。勝廣光さん（自然写真家）と牧野孝俊さん（元環境省アクティブレンジャー）、平城達哉さん（奄美博物館）にはとっておきの場所を案内してもらった。島の植物について何度も説明してくれた山下弘さん（植物写真家）が21年5月に亡くなられた。心からご冥福を祈りたい。

環境省の奄美野生生物保護センターや徳之島事務所の皆さんには、数え切れないほどご面倒をかけたが、快く取材に応じてくれた千葉康人さんと鈴木祥之さんを代表としてお礼を伝えたい。徳之島では美延睦美さん（徳之島虹の会）にご意見をうかがい、森の案内は池村茂さん（鹿児島県希少野生動植物保護推進員）と岡崎幹人さん（天城町役場）に頼り切りだった。

島の記者クラブ「くろしお会」メンバーの支えもありがたかった。神田和明さんと西青木亨さん、杉本寛久さんには、特に多くの相談にのってもらった。南海日日新聞社と西日本新聞社で計40年、奄美群島の報道記者として活躍された幸正昭さんには、敬意を表したい。18年にご逝去されるまで、私を含め内地から赴任する記者を温かく受け入れ、助けてくれた。本書の出版も「楽しみだよ」と背中を押してくれた。

写真も文章も多い連載「命まんでぃ」の掲載を許してくれた朝日新聞の上司や同僚にも感謝したい。奄美赴任の経験がある先輩で、島に関する著書もある神谷裕司さんと稲野慎さんには、出版の助言を頂いた。科学医療部の小坪遊さんの応援も有り難かった。高価な撮影機材を貸し与えてくれた全日写連・二宮忠信さんの協力なしに、島での撮影は成り立たなかった。

家族4人での島暮らしを見守ってくれた伊津部小学校や金久中学校、奄美スイミングスクールの皆さん、お隣の田中さん、麓さん家族にもお礼を伝えたい。よそ者が楽しく過ごせたのは、皆さんのおかげです。「子は宝」の考えが浸透する島で子育てができたのは幸運でした。名前を挙げ始めたら止まらなくなるので、**「島の皆様、ありがとうございました。奄美ばんざーい」**と太字で記しておきます。

この本の出版を快諾し、度重なる締め切りの延長も許してくれた南方新社の向原祥隆さんに深く感謝します。

最後は、40年以上に渡る経験で得た知識や情報を惜しみなく与えてくれた常田さんへの言葉で締めくくります。

「ハブに気をつけて、ずっとフィールドを駆け回ってください。次は何を見に行きましょうか？」

2021年5月　朝日新聞記者・外尾誠

■主な参考文献

常田守「水が育む島　奄美大島」文一総合出版、2001年
山下弘「奄美の絶滅危惧植物」南方新社、2006年
日本政府「世界遺産一覧表記載推薦書 奄美大島、徳之島、沖縄島北部及び西表島」（仮訳）、2019年
鹿児島県大島支庁総務企画課「令和元年度　奄美群島の概況」2020年
環境省「奄美群島国立公園指定書」2020年
環境省「環境省レッドリスト2020」
環境省那覇自然環境事務所「奄美・琉球諸島の生物多様性 島々に棲む様々な生きものたち」2010年
環境省沖縄奄美自然環境事務所「奄美沖縄の国内希少野生動植物種152種」2021年
気象庁名瀬測候所ホームページ「奄美地方の気候特性」
奄美大島自然保護協議会「奄美大島自然保護ガイドブック―奄美・琉球を世界自然遺産へ―」2013年
片野田逸朗「琉球弧・野山の花 from AMAMI」南方新社、1999年
片野田逸朗「琉球弧・植物図鑑 from AMAMI」南方新社、2019年
勝廣光「奄美の稀少生物ガイドⅠ」南方新社、2007年
勝廣光「奄美の稀少生物ガイドⅡ」南方新社、2008年
水田拓編著「奄美群島の自然史学 亜熱帯島嶼の生物多様性」東海大学出版部、2016年
水田拓「『幻の鳥』オオトラツグミはキョローンと鳴く」東海大学出版部、2016年
叶内拓哉・安部直哉・上田秀雄「新版　日本の野鳥」山と渓谷社、2014年
NPO法人奄美野鳥の会編「奄美の野鳥図鑑」文一総合出版、2009年
奄美自然体験活動推進協議会・環境省奄美野生生物保護センター
「わきゃあまみ⑥ 奄美のカエル図鑑」2007年
「わきゃあまみ⑧ アマミノクロウサギ」2009年
「わきゃあまみ⑫ 奄美群島の国立公園」2013年
「わきゃあまみ⑬ 奄美群島の鳥手帳」2014年
ハブ対策推進協議会編集・発行「HABUDAS（ハブダス）2016」2016年
遊川知久「菌従属栄養植物の系統と進化（植物科学最前線）」2014年
長澤淳一「稀少な個性派セレクション 絶滅危惧植物図鑑 №13 ヒメシラヒゲラン」2017年
鈴木廣志・勝廣光・常田守「シモフリシオマネキの奄美大島における初記録（Nature of Kagoshima Vol.41）」2015年
野尻抱影「星と伝説」偕成社、1961年
「奄美大島に行きたい」ファミマ・ドット・コム、2013年
鹿児島県「改訂・鹿児島県の絶滅のおそれのある野生動植物 動物編 RED DATA BOOK 2016」2016年
名越左源太「南島雑話2 幕末奄美民俗誌（ワイド版東洋文庫432）」平凡社、國分直一・恵良宏校注、1984年
笹森儀助「南嶋探験2 琉球漫遊記（東洋文庫428）」平凡社、東喜望校注、1983年
松田淳志（京都大学）、前田芳之（鹿児島県希少野生動植物種保存推進員）、長澤淳一（京都府立植物園）、瀬戸口浩彰（京都大学）「Tight species cohesion among sympatric insular wild gingers (Asarum spp. Aristolochiaceae) on continental

islands: Highly differentiated floral characteristics versus undifferentiated genotypes」PLOS ONE、2017 年
前田芳之「奄美大島におけるカンアオイ類の分布と生活史」鹿児島大学理工学研究科地球環境科学専攻・博士論文、2013 年
環境省那覇自然環境事務所「世界でたったひとつの奄美を守る 奄美大島マングース防除事業」2013 年
神谷裕司「奄美、もっと知りたい―ガイドブックが書かない奄美の懐（ふところ）―」南方新社、1997 年
写真・松橋利光、文・木元侑菜「奄美の生きもの調査 奄美の空にコウモリとんだ」アリス館、2018 年
幸正昭「南島の歳時記 奄美折々 アマミウリウリ」INSIDEOUT、2018 年
ホライゾン編集室編「命めぐる島 奄美 森と海と人と」南日本新聞社、2000 年
鮫島正道「東洋のガラパゴス―奄美の自然と生きものたち―」南日本新聞社、1995 年

お世話になった方々

川畑力さん（奄美自然観察の森）、伊藤圭子さん（獣医師）、寺本薫子さん（自然ガイド）、前利潔さん（知名町）、窪田圭喜さん（秋名アラセツ行事保存会）、山下芳也さん（エコツアーガイド）、池田龍介さん（自然ガイド）、益岡一富さん（池地みのり会）、遊川知久さん・奥山雄大さん（筑波実験植物園）、鈴木廣志さん（鹿児島大学）、越智信彰さん（東洋大学）、佐藤文保さん（久米島ホタル館）、金井賢一さん（鹿児島県立博物館）、久伸博さん・高梨修さん（奄美博物館）、横田昌嗣さん（琉球大）、山田文雄さん（森林総合研究所）、塩野崎和美さん（奄美野生動物研究所）、久野優子さん（奄美猫部）、長嶺隆さん（どうぶつたちの病院沖縄）、石井信夫さん（東京女子大）、木元侑菜さん（元環境省アクティブレンジャー）、松橋利光さん（いきものカメラマン）、名瀬森林事務所、瀬戸口浩彰さん（京都大学）、前田芳之さん（樹木医）、保宜夫さん（奄美国際懇話会）、杉岡秋美さん（奄美国際ネットワーク）、喜島浩介さん（奄美大島エコツアーガイド連絡協議会）、豊村祐一さん（徳之島虹の会）、森田秀一さん（動植物研究家）、末次健司さん（神戸大）、吹春俊光さん（千葉県立中央博物館）、鳥飼久裕さん・山室一樹さん（奄美野鳥の会）、興克樹さん（奄美海洋生物研究会）、藺博明さん（環境ネットワーク奄美）、籠橋隆明さん（弁護士）、浜田太さん（写真家）、崎原町内会、龍郷湾を守る会、奄美の自然を守る会、田川一郎さん（市集落）、元井孝信さん（みかん生産者）、住用中学校、奄美マングースバスターズ、あまみエフエム、鹿児島県大島支庁、鹿児島県自然保護課、環境省、防衛省、奄美群島 12 市町村（順不同、肩書は取材時のもの）

あらためて、記して感謝申し上げます。

■ 著者紹介

常田　守（つねだ・まもる）

1953年7月23日、奄美市名瀬生まれ。少年のころから奄美大島の野、山、海を相手に遊び回っていた。1980年に東京から帰郷し、本格的に自然観察や撮影を始めた。環境省自然公園指導員、奄美自然環境研究会会長。90年代にアマミノクロウサギなどを原告にゴルフ場開発許可の取り消しを求めた「自然の権利訴訟」の原告の1人。著書に「水が育む島　奄美大島」（文一総合出版）、本職は歯科技工士。

外尾　誠（ほかお・まこと）

1971年11月9日、長崎市生まれ。99年に朝日新聞記者となり、鹿児島総局や人吉支局（熊本県）、西部本社社会部、東京本社国際報道グループ、熊本総局などで勤務。2014年4月～20年3月に奄美支局長を務めた。現在は大牟田支局長（福岡県）。著書に「患者さんが教えてくれた　水俣病と原田正純先生」（フレーベル館）、共著に「対話集　原田正純の遺言」（岩波書店）。水俣病や川辺川ダム建設計画、地球温暖化など、環境問題に関心を持ち、取材を続ける。

奄美の自然入門

発行日　2021年 8月 20日　第1刷発行

著　者　常田　守
　　　　外尾　誠

発行者　向原祥隆

発行所　株式会社　南方新社
〒892-0873　鹿児島市下田町292-1
電話　099-248-5455
振替　02070-3-27929
URL　http://www.nanpou.com/
e-mail　info@nanpou.com

装　丁　オーガニックデザイン

印刷・製本　株式会社イースト朝日

定価はカバーに表示しています。
乱丁・落丁はお取り替えします。
ISBN978-4-86124-453-7 C0045

博物館が語る 奄美の自然・歴史・文化
—奄美博物館公式ガイドブック—
◎奄美博物館編
定価（本体1,800円＋税）

世界自然遺産に登録された奄美群島の自然はもとより、歴史、文化の理解に欠かせない項目を、博物館の学芸員たちが案内する。観光ガイドブック、奄美入門書、はたまた郷土学習資料として活用できる待望の一冊。

琉球弧・生き物図鑑
◎山口喜盛・山口尚子
定価（本体1,800円＋税）

琉球弧は進化の島とも言われ、島独自の種や、島ごとに分化した亜種も多い。哺乳類・野鳥・両生類・爬虫類・昆虫類・甲殻類・植物など、広い分野の代表種567種を島ごとの亜種を含め、初めて1冊にまとめた。

奄美の稀少生物ガイド I
—植物、哺乳類、節足動物ほか—
◎勝　廣光
定価（本体1,800円＋税）

奄美の深い森には絶滅危惧植物が人知れず花を咲かせ、アマミノクロウサギが棲んでいる。干潟には、亜熱帯のカニ達が生を謳歌する。本書は、奄美の希少生物全79種、特にクロウサギは四季の暮らしを紹介する。

奄美の稀少生物ガイド II
—鳥類、爬虫類、両生類ほか—
◎勝　廣光
定価（本体2,900円＋税）

深い森から特徴のある鳴き声を響かせるリュウキュウアカショウビン、地表を這う猛毒を持つハブ、渓流沿いに佇むイシカワガエル……。貴重な生態写真で、奄美の稀少生物全74種を紹介する。

アマミノクロウサギの暮らしぶり
—写真でつづる—
◎勝　廣光
定価（本体1,800円＋税）

奄美の奥深い森に棲み、また夜行性のため、謎に包まれていた特別天然記念物アマミノクロウサギの暮らしぶり。繁殖、授乳、放尿、マーキング、鳴き声発しなど、世界で初めて撮影に成功した写真の数々で構成。

奄美の絶滅危惧植物
◎山下　弘
定価（本体1,905円＋税）

世界中で奄美の山中に数株しか発見されていないアマミアワゴケ他、貴重で希少な植物たちが見せる、はかなくも可憐な姿。アマミスミレ、アマミアワゴケ、ヒメミヤマコナスビ、アマミセイシカ、ナゴランほか全150種。

琉球弧・植物図鑑
◎片野田逸朗 著
定価（本体3,800円＋税）

800種を網羅する待望の琉球弧の植物図鑑が誕生した。渓谷の奥深くや深山の崖地に息づく希少種や固有種から、日ごろから目を楽しませる路傍の草花まで一挙掲載する。自然観察、野外学習、公共事業従事者に必携の一冊。

増補改訂第2版 昆虫の図鑑 採集と標本の作り方
◎福田晴夫他 著
（本体3,500円＋税）

大人気の昆虫図鑑が大幅にボリュームアップ。九州・沖縄の身近な昆虫2621種を収録。旧版より79種増えた。注目種を全種掲載のほか採集と標本の作り方も丁寧に解説。昆虫少年から研究者まで一生使えると大評判の一冊！

ご注文は、お近くの書店か直接南方新社まで（送料無料）。
書店にご注文の際は必ず「地方小出版流通センター扱い」とご指定ください。